配电网运检技术

国网冀北张家口供电公司　组编

陈军法　牛　林　主编

中国电力出版社
CHINA ELECTRIC POWER PRESS

内 容 提 要

为适应配电网发展，创新配电网运维检修技术，国网冀北张家口供电公司在广泛实地调研以及收集整理配电网运检现场处置案例的基础上，系统地总结配电网运维检修核心内容，包括配电网基础知识，架空配电线路、电缆配电线路、配电台区及设备的运维检修，配电网运检安全质量管理等内容。

本书可供从事配电网运维检修作业相关技能专业人员、管理人员使用，也可作为高校相关专业师生参考用书。

图书在版编目（CIP）数据

配电网运检技术 / 国网冀北张家口供电公司组编；陈军法，牛林主编. —北京：中国电力出版社，2023.8（2025.1 重印）
ISBN 978-7-5198-8059-0

Ⅰ. ①配… Ⅱ. ①国…②陈…③牛… Ⅲ. ①配电系统–电力系统运行–检修 Ⅳ. ①TM727

中国国家版本馆 CIP 数据核字（2023）第 152897 号

出版发行：中国电力出版社
地　　址：北京市东城区北京站西街 19 号（邮政编码 100005）
网　　址：http://www.cepp.sgcc.com.cn
责任编辑：高　芬　罗　艳（010-63412315）
责任校对：黄　蓓　朱丽芳
装帧设计：张俊霞
责任印制：石　雷

印　　刷：固安县铭成印刷有限公司
版　　次：2023 年 8 月第一版
印　　次：2025 年 1 月北京第三次印刷
开　　本：710 毫米×1000 毫米　16 开本
印　　张：11.25
字　　数：180 千字
印　　数：2001—2500 册
定　　价：80.00 元

本书编委会

主　　任　陈军法　牛　林

副 主 任　张　超　刘　坤　李宏博　王　磊

成　　员　赵丽萍　赵世坡　杨鹏伟　杨泽军　李小强
　　　　　许　超　郭宝华

本书编写组

主　　编　陈军法　牛　林

副 主 编　赵丽萍　何　黎　焦　昊　李宏博　宁　琦

编写人员　张　超　刘　坤　王　磊　侯　壮　张书伟
　　　　　许永军　姚　光　寇马军　郭丽娟　陈丽娜
　　　　　黄哲洙　马文新　杨　志　李蕊睿　闫　琦
　　　　　张振海　商玲玲

新时期，经济进入新常态发展，技术发展日新月异，配电网技术不断升级，电网人才培养与发展是电网工业核心竞争力的首要资源。电网企业要在变化的环境中生存发展，取得持续的竞争优势，就需要发现、储备、培养和留住重要的技术人才。

为适应电网企业人才培养的需求，国网冀北张家口供电公司积极进行业务和管理变革，不断提高自身的核心竞争力，为配电网运检技术创新、电网企业社会价值提升提供重要力量。聚焦在实践中摸索出一条"递进式培养体系"的人才培养新路子的原动力，围绕培训、自学、师带徒、实践四个方面，组织编写《配电网运检技术》，推动员工利用碎片时间以研学、实训形式开展技术攻坚，鼓励青年骨干进行实践锻炼。

本书编者经过实地调研，广泛收集配电网运检现场处置案例，并进行系统总结和分析，凝练可借鉴的经验，保证了内容的针对性和实用性；以配电网运维检修为核心，紧密结合全国配电网运检情况，系统总结架空配电线路、电缆配电线路、配电台区及设备运维检修等内容，使读者快速了解、掌握相关处理技术；全书图文并茂，运用大量现场照片直观地反映配电网运检的具体情况，使读者一目了然，便于参考。

本书共分 5 章，第 1 章对配电网基础知识分类介绍，第 2～5 章分别阐述架空配电线路及设备运维检修、电缆配电线路及设备运维检修、配电台区及设备运维检修、配电网运检安全质量管理等内容。

本书编写组严谨工作，多次探讨，在整个编写过程中，凝结编写组专家和广大电力工作者的智慧，以期能够准确表达技术规范和标准要求，为电力配电网运检员工提供参考。由于配电网技术的发展，书中所写的内容也要跟随时代发展不断更新，难免存在疏漏与不足之处，诚恳希望广大读者提出宝贵的意见。

编　者

2023 年 8 月

目 录
CONTENTS

1

配电网基础知识

》 1.1 架空配电线路 《

模块说明

本模块包含配电线路用杆塔的类型和基础、导线、绝缘子、横担和金具。通过介绍它们的类型和特点，熟悉杆塔的基本结构和特点，熟悉导线、绝缘子、横担和金具的种类，掌握其应用要求。

正　文

架空配电线路是指将导线用绝缘子和金具架设在杆塔上，使导线与地面和建筑物保持一定距离而构成的配电线路，主要由杆塔、导线、避雷线（也称架空地线，或简称地线）、绝缘子、金具、拉线和基础等元件组成。

1.1.1　配电线路的杆塔

1. 杆塔类型

杆塔的作用是支撑导线和避雷线，使其对大地、树木、建筑物以及被跨越的电力线路、通信线路等保持足够的安全距离要求，并在各种气象条件下，保证送电线路能够安全可靠地运行。

（1）杆塔按材质可分为钢筋混凝土电杆、铁塔、钢管电杆和木杆等。钢筋混凝土电杆是配电线路中应用最为广泛的一种电杆，它由钢筋混凝土浇筑而成，具有造价低廉、使用寿命长、美观、施工方便、维护工作量小等优点。铁塔和钢管电杆根据结构可分为组装式铁塔和预制式钢管塔，其中组装式铁塔由各种角铁组装而成，应采用热镀锌防腐处理，组装费时。预制式钢管塔多为插接式钢管电杆，采用钢管预制而成，安装简便，但是比较笨重给运输和施工带来不便。木杆在配电线路中已较少采用。

1）钢筋混凝土电杆。钢筋混凝土电杆按其制造工艺可分为普通型钢筋混凝土电杆和预应力钢筋混凝土电杆两种。按照杆的形状又可分为等径杆和锥形杆（也称拔梢杆）。

电杆的埋深 h 可利用式（1-1）进行计算

$$h = \frac{H}{10} + 0.7 \tag{1-1}$$

式中　　H ——电杆高度，m；

　　　　h ——电杆的埋深，m。

2）钢管电杆（简称钢杆）。钢管电杆具有杆形美观、能承受较大应力等优点，适用于狭窄道路、城市景观道路和无法安装拉线的地方架设。架空配电线路使用的钢杆有椭圆形、圆形、六边形或十二边等多边形，多为锥形。钢管电杆见图1-1。

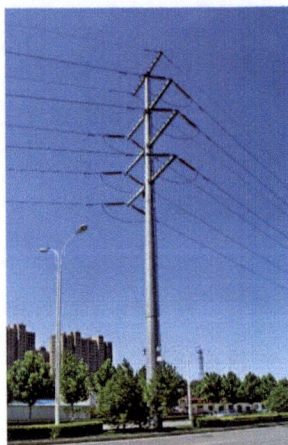

图 1-1　钢管电杆

（2）杆塔按其在架空线路中的用途可分为直线杆、耐张杆、转角杆、终端杆、分支杆、跨越杆和其他特殊杆等。

1）直线杆。直线杆用于线路的直线段上，以支持导线、绝缘子、金具等重量。直线杆能够承受导线的重量和水平风力荷载，但不能承受线路方向的导线张力。它的导线用线夹和悬式绝缘子串挂在横担下或用针式绝缘子固定在横担上。

2）耐张杆。耐张杆主要承受导线或架空地线的水平张力，同时将线路分隔成若干耐张段（耐张段长度一般不超过2km），以便于线路的施工和检修，并可在事故情况下限制倒杆断线的范围。它的导线用耐张线夹和耐张绝缘子串或用蝶式绝缘子固定在电杆上，电杆两边的导线用弓子线连接起来。

3）转角杆。转角杆用于线路方向需要改变的转角处，正常情况下除承受导线等垂直载荷和内角平分线方向的水平风力荷载外，还要承受内角平分线方向导线全部拉力的合力，在事故情况下还要能承受线路方向导线的重量，它有直线型和耐张型两种型式，具体采用哪种型式可根据转角的大小及导线截面的大小来确定。

4）终端杆。终端杆用于线路的首末两终端处，是耐张杆的一种，正常情况下除承受导线的重量和水平风力荷载外，还要承受顺线路方向导线全部拉力的合力。

5）分支杆。分支杆用于分支线路与主配电线路的连接处，在主干线方向上它可以是直线型或耐张型杆，在分支线方向上时则需用耐张型杆。分支杆除承受直线杆塔所承受的载荷外，还要分支导线等垂直荷重、水平风力荷重和分支方向导线全部拉力。

6）跨越杆。跨越杆用于跨越公路、铁路、河流和其他电力线等大跨越的地方。为保证导线具有必要的悬挂高度，一般要加高电杆。为加强线路安全，保证足够的强度，还需加装拉线。

2.杆塔基础

将杆塔固定在地下部分的装置和杆塔自身埋入土壤中起固定作用部分的整体统称为杆塔基础。杆塔基础起支撑杆塔全部荷载的作用，并保证杆塔在运行中不发生下沉或受外力作用时不发生倾倒或变形。杆塔基础包括电杆基础和铁塔基础。

（1）电杆基础。钢筋混凝土电杆基础一般采用底盘、卡盘和拉线盘，统称"三盘"。底盘作用是承受混凝土电杆的垂直下压荷载以防止电杆下沉。卡盘是当电杆所需承担的倾覆力较大时，增加抵抗电杆倾倒的力量。拉线盘依靠自身重量和填土方的总合力来承受拉线的上拔力，以保持杆塔的平衡。"三盘"一般采用钢筋混凝土预制件或天然石材制造，在现场组装，预制的混凝土强度不应低于 C20，表面应平整不应有明显的缺陷，并能保证构件间或构件与铁件、螺栓之间的连接安装，加工尺寸应符合允许偏差数值。对于预应力钢筋混凝土预制件不应有纵向及横向裂缝，普通钢筋混凝土预制件放在地平面检查时，不应有纵向裂缝，横向裂缝不应超过 0.05mm。用现浇混凝土代替卡盘时，浇注前应在杆身相应部位缠两层纸隔绝，以便拆装方便。拉线棒的有效直径不应小于 14mm 并采用热镀锌处理。

（2）铁塔基础。铁塔基础有混凝土和钢筋混凝土普通浇制基础、预制钢筋混凝土基础、金属基础和灌注式桩基础几种。

1.1.2 配电线路的导线

1. 常用裸导线

导线的作用是传导电流、输送电能，其通过绝缘子串悬挂在杆塔上，长期受风、冰、雪和温度变化等气象条件影响，承受变化拉力的作用，同时还受到空气中污物的侵蚀。因此，导线除应具有良好的导电性能外，还必须有足够的机械强度和防腐性能，并且质轻价廉。架空线路的导线应用导电性能良好的铜线、铝线、钢芯铝线作传导电能用，而导电性能差但机械强度高的钢绞线则大量用作架空避雷线及平衡导线张力的拉线。钢芯铝绞线见图1-2。

（1）裸铝导线。铝的导电性仅次于银、铜，但由于铝的机械强度较低，铝线的耐腐蚀能力差，所以，裸铝线不宜架设在化工区和沿海地区，一般用在中、低压配电线路中，而且档距一般不超过100m。

（2）裸铜绞线。铜导线有很高的导电性能和足够的机械强度，但铜的资源少、价格贵。

（3）钢芯铝绞线。钢芯铝绞线是充分利用钢绞线的机械强度高和铝的导电性能好的特点，把这两种金属导线结合起来而形成。其结构特点是外部几层铝绞线包裹着内芯的1股或7股的钢丝或钢绞线，使得钢芯不受大气中有害气体的侵蚀。钢芯铝绞线由钢芯承担主要的机械应力，而由铝线承担输送电能的任务，而且因铝绞线分布在导线的外层可减小交流电流产生的集肤效应（趋肤效应、趋表效应），提高铝绞线的利用率。钢芯铝线广泛地应用在高压输电线路或大跨越档距配电线路中。钢芯铝绞线见图1-2。

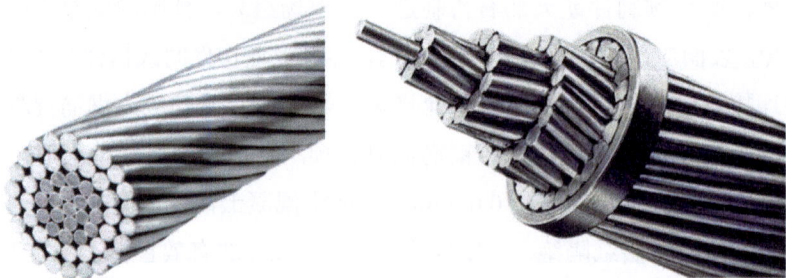

图1-2 钢芯铝绞线

（4）镀锌钢绞线。镀锌钢绞线机械强度高，但是导电性能及抗腐蚀性能差，不宜用作电力线路导线。目前，镀锌钢绞线主要用于避雷线、拉线以及集束低压绝缘导线和架空电缆的承力索用。

（5）铝合金绞线。铝合金含有 98%的铝和少量的镁、硅、铁、锌等元素，它的密度与铝基本相同，导电率与铝接近，与相同截面的铝绞线相比机械强度高，是一种比较理想的导线材料。但铝合金线的耐振性能较差，不宜在大档距的架空线路上使用。铝合金线有热处理铝镁硅合金线（LHAJ）和热处理铝镁硅稀土合金线（LHBJ）两种。

2. 绝缘导线

架空绝缘配电线路适用于城市人口密集地区，线路走廊狭窄，架设裸导线线路与建筑物的间距不能满足安全要求的地区，以及风景绿化区、林带区和污秽严重的地区等。随着城市的发展，实施架空配电线路绝缘化是配电网发展的必然趋势。

（1）绝缘导线分类。架空配电线路绝缘导线（见图 1-3）按电压等级可分为中压绝缘导线、低压绝缘导线。按架设方式可分为分相架设、集束架设。绝缘导线的类型有中、低压单芯绝缘导线，低压集束型绝缘导线，中压集束型半导体屏蔽绝缘导线，中压集束型金属屏蔽绝缘导线等。

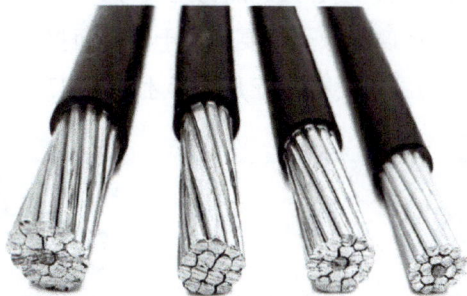

图 1-3 绝缘导线

（2）绝缘材料。目前户外绝缘导线所采用的绝缘材料，一般为黑色耐气候型的交联聚乙烯、聚乙烯、高密度聚乙烯、聚氯乙烯等。这些绝缘材料一般具有较好的电气性能、抗老化及耐磨性能等，暴露在户外的材料添加有1%左右的碳黑，以防日光老化。

1.1.3 绝缘子

架空电力线路的导线，是利用绝缘子和金具连接固定在杆塔上的。用于导线与杆塔绝缘的绝缘子，在运行中不但要承受工作电压及过电压的作用，同时还要承受机械力的作用及气温变化和周围环境的影响，所以绝缘子必须有良好的绝缘性能和一定的机械强度。通常，绝缘子的表面为波纹形，这是因为：① 可以增加绝缘子的泄漏距离（又称爬电距离），同时每个波纹又能起到阻断电弧的作用；② 当下雨时，从绝缘子上流下的污水不会直接从绝缘子上部流到下部，避免形成污水柱造成短路事故，起到阻断污水水流的作用；③ 当空气中的污秽物质落到绝缘子上时，由于绝缘子波纹的凹凸不平，污秽物质将不能均匀地附在绝缘子上，在一定程度上提高了绝缘子的抗污能力。

绝缘子按照材质可分为瓷绝缘子、玻璃绝缘子和合成绝缘子三种。

（1）瓷绝缘子。瓷绝缘子（见图 1-4）具有良好的绝缘性能、抗气候变化的性能、耐热性和组装灵活等优点，被广泛用于各种电压等级的线路。金属附件连接方式分球型和槽型两种。在球型连接构件中用弹簧销子锁紧。在槽型结构中用销钉加用开口销锁紧。瓷绝缘子是属于可击穿型的绝缘子。

（2）玻璃绝缘子。玻璃绝缘子（见图 1-5）用钢化玻璃制成，具有产品尺寸小、重量轻、机电强度高、电容大、热稳定性好、老化较慢寿命长、"零值自破"、维护方便等特点。玻璃绝缘子主要是由于自破而报废，一般多发生于运行的第一年，而瓷绝缘子的缺陷要在运行几年后才开始出现。

图 1-4 瓷绝缘子   图 1-5 玻璃绝缘子

（3）合成绝缘子。合成绝缘子（见图 1-6）又名复合绝缘子，它是由棒芯、伞盘及金属端头铁帽三个部分组成。

1）棒芯：一般由环氧玻璃纤维棒玻璃钢棒制成，抗张强度很高，棒芯是合成绝缘子机械负荷的承载部件，同时又是内绝缘的主要部件。

2）伞盘：以高分子聚合物如聚四氯乙烯、硅橡胶等为基体添加其他成分，经特殊工艺制成，伞盘表面为外绝缘给绝缘子提供所需要的爬电距离。

3）金属端头：用于导线杆塔与合成绝缘子的连接，根据负荷载重量的大小采用可锻铸铁、球墨铸铁或钢等材料制造而成。为使棒芯与伞盘间结合紧密，在它们之间加一层黏结剂和橡胶护套。合成绝

图 1-6 复合绝缘子

缘子具有抗污闪性强、强度大、质量轻、抗老化性好、体积小、质量轻等优点。但合成绝缘子承受的径向（垂直于中心线）应力很小，因此，使用于耐张杆的绝缘子严禁踩踏，或任何形式的径向荷重，否则将导致折断。运行数年后还会出现伞裙变硬、变脆的现象，或者容易引起鼠等动物咬噬而导致损坏。

1.1.4　横担

横担用于支持绝缘子、导线及柱上配电设备，保护导线间有足够的安全距离。因此，横担要有一定的强度和长度。横担按材质的不同可分为铁横担、木横担和绝缘横担等三种，其中木横担主要应用于木杆，目前我国已基本不再使用。

图 1-7 铁横担

1. 铁横担

铁横担一般采用等边角钢制成，要求热镀锌，锌层推荐不小于 60μm，因其为型钢，造价较低，并便于加工，所以使用最为广泛，见图 1-7。

（1）常用铁横担规格。10kV 架空线路上常用铁横担规格为 63mm×63mm×6mm 的角钢，在需要架设大跨越线路、双回线路，或安装较重的开关时，也可采用 75mm×75mm×8mm 等规格的角钢。为统一规范，在低压架空线路上也常用 63mm×63mm×6mm 的角钢，也可采用 50mm×50mm×5mm 的角钢。为便于施工管理，横担规格尺寸应统一，并系列化。

（2）横担组合。根据受力情况，横担可分为直线型、耐张型和终端型等。直线型横担只承受导线的垂直荷载，耐张型横担主要承受两侧导线的拉力差，终端型横担主要承受导线的最大允许拉力。断连型横担、终端型横担根据导线的截面，一般应为双担，当架设大截面导线或大跨越档距时，双担平面间应加斜撑板，或采用梭形双横担。当横担向一侧偏支架设导线时，或架设开关等设备时，或架设的导线有角度时，应加支撑斜戗（角戗）支撑。

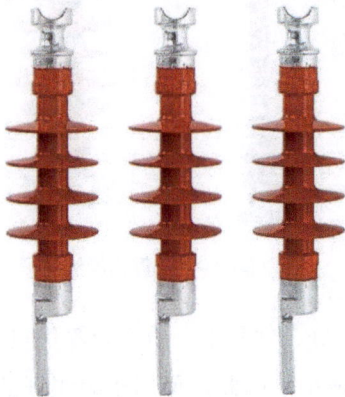

图 1-8　绝缘横担

2. 绝缘横担

绝缘横担是指利用玻璃纤维环氧树脂（玻璃钢）材料制作，代替传统的铁横担，安装在中压配电线路上的一种新型横担，见图 1-8。绝缘横担具有以下优越性：

（1）重量轻、强度高。玻璃钢有很高的机械强度，而密度仅为钢的 1/4 左右。

（2）电气性能好。玻璃钢有很高的电气强度，特别适用于中性点不接地系统。

（3）延伸率小。玻璃钢横担的延伸率一般小于 5%，不会在短时间内出现整个横担完全丧失荷载能力的现象。

（4）抗疲劳性好。玻璃钢中的玻璃纤维与树脂有阻止裂纹扩展的作用，故比铁横担有好的抗疲劳性。

1.1.5　金具

在架空配电线路中，用于连接、紧固导线的金属器具，具备导电、承载、固定的金属构件，统称为金具。金具按其性能和用途可分为悬吊金具（悬垂线夹）、耐张金具（耐张线夹）、接触金具（设备线夹）、连接金具、接续金具和防护金具等。

1. 线夹类金具

（1）耐张金具（耐张线夹）。耐张金具的用途是把导线固定在耐张、转角、终端杆的悬式绝缘子串上，按其结构和安装条件可分为楔型、螺栓型、预绞丝（无螺栓）型等。

1）楔型耐张金具安装导线时较为便利，适用于绝缘线剥除绝缘层后安装

（可防止雷击断线），并外加绝缘罩；用于铜绞线或绝缘铜绞线时，线夹一般采用可锻铸铁，楔子采用黄铜制造；用于铝绞线或绝缘铝绞线时，线夹及楔子采用高强度铝合金制造。楔型耐张金具见图1-9。

2）螺栓型耐张金具的本体和压板由可锻铸铁制造，由于其造价较低，被广泛应用，适用于线路终端或电流不流经线夹的场合。螺栓型铝合金耐张线夹系采用高强度铝合金制造，具有节能效果。

图1-9 楔形耐张线夹

3）预绞丝型耐张金具的结构为预绞丝双腿绞合形成空管，折弯部预成型绞环，预绞丝缠绕在导线上，借助于材料的弹性及收紧力，越拽越紧，不产生滑移。绞环套在心形环上，与悬式绝缘子连接。一般预绞式耐张线夹的旋向与绞线的旋向一致，为右旋，为增大摩擦力一般粘有石英砂。预绞丝型耐张金具用于10kV绝缘导线的预绞式耐张线夹，采用镀锌钢丝制成，可直接安装在绝缘导线外绝缘层上；用于铝绞线的预绞式耐张线夹，采用高强度铝合金单丝导线加工而成；用于钢绞线拉线的预绞式耐张线夹，采用镀锌钢丝制成。

（2）悬吊金具（悬垂线夹）。悬吊金具的用途是把导线悬挂、固定在直线杆悬式绝缘子串上。其外挂板采用热镀锌钢板或不锈钢板制造。

2. 连接金具

连接金具主要用于耐张线夹、悬式绝缘子（槽型和球窝型）、横担等之间的连接。与槽型悬式绝缘子配套的连接金具可由U型挂环、平行挂板等组合。与球窝型悬式绝缘子配套的连接金具可由直角挂板、球头挂环、碗头挂板等组合。金具的破坏载荷均不应小于该金具型号的标称载荷值，7型不小于70kN，10型不小于100kN，12型不小于120kN等。所有黑色金属制造的连接金具及紧固件均应热镀锌。

（1）平行挂板。平行挂板用于连接槽型悬式绝缘子，以及单板与单板、单板与双板的连接，仅能改变组件的长度，而不能改变连接方向。单板平行挂板（PD型）多用于与槽型绝缘子配套组装。双板平行挂板（P型）用于与槽型悬式绝缘子组装，以及与其他金具连接。三腿平行挂板（PS型）用于槽型悬式绝缘子与耐张线夹的连接，双板与单板的过渡连接等。

（2）U 型挂环。U 型挂环是用圆钢锻制而成，一般采用 Q235A 钢材锻造而成。加长 U 型挂环的型号为 UL 型，主要用于与楔型线夹配套。

（3）球头挂环。球头挂环的钢脚侧用来与球窝型悬式绝缘子上端钢帽的窝连接，球头挂环侧根据使用条件分为圆环接触和螺栓平面接触两种，与横担连接。

（4）碗头挂板。碗头侧用来连接球窝型悬式绝缘子下端的钢脚（又称球头），挂板侧一般用来连接耐张线夹等。单联碗头挂板一般适用于连接螺栓型耐张线夹，为避免耐张线夹的跳线与绝缘子瓷裙相碰，可选用长尺寸的 B 型。双联碗头挂板一般适用于连接开口楔形耐张线夹。

（5）直角挂板。直角挂板的连接方向互成直角，一般采用中厚度钢板经冲压弯曲而成，常用为 Z 型挂板。

3. 接续金具

导线接续金具按承力可分为非承力接续金具和承力接续金具两类；按施工方法又可分为液压、钳压、螺栓接续及预绞式螺旋接续金具等；按接续方法还可分为对接、搭接、绞接、插接、螺接等。

（1）非承力接续金具。

1）C 形楔型线夹。C 形楔型线夹的弹性可使导线与楔块间产生恒定的压力，保证电气接触良好。一般采用铝合金制造，可用于主线为铝绞线、分支线为铝绞线或铜绞线的接续。该类型线夹可预制引流环作为中压架空绝缘线接地环用，除引流环裸露外，线夹其他部分可用绝缘自粘带包封。

2）接续液压 H 形线夹。该类线夹一般采用 L3 热挤压型材制造，用作永久性接续等径或不等径的铝绞线，也可用于主线为铝绞线、分支线为铜绞线的接续，接触面预先进行金属过渡处理。安装时使用液压机及专用配套模具，压缩成椭圆形。

3）液压 C 形线夹。该类线夹一般采用 T1 铜热挤压型材制造，用作铜绞线主线与引下线的永久性的接续、铜绞线接户线与铜进户线的接续。安装时使用液压机及专用配套模具，压缩成椭圆形。为保证机械强度，也可制成"6"字型等。

4）铝绞线、钢芯铝绞线用铝异径并沟线夹。该类线夹适用于中小截面的铝绞线、钢芯铝绞线在不承受全张力的位置上的连接，可接续等径或异径导线。线夹、压板、垫瓦均采用热挤压型材制成，紧固螺栓、弹簧垫圈等应热镀锌。根据材料的性能，铝压板应有足够的厚度，以保证压板的刚性。压板应单独配置螺栓。

5）铜绞线用铜异径并沟线夹。该类线夹一般采用 T1 铜热挤压型材制造。尺寸基本与铝绞线用异径并沟线夹相同。

6）铜铝过渡异径并沟线夹。该类线夹铜铝过渡采用摩擦焊接或闪光焊接。

7）接户线过渡线夹。该类线夹由铜铝过渡板和铝压板组成，铜铝过渡板的上端为铝板、下端为铜板，铜铝过渡采用闪光焊接或摩擦焊接。铝压板应有足够的厚度，以保证压板的刚性。线夹适用于线路为铝绞线、接户线为小截面铜绞线的场所。

8）穿刺线夹。该类线夹适用于绝缘导线采用带电作业施工，并有利于绝缘防护。一般配置扭力螺母，设计扭断螺母则紧固到位。

（2）承力接续金具。

1）钢芯铝绞线用钳压接续管（椭圆形、搭接）。钢芯铝绞线用的接续管内附有衬垫，钳压时从接续管的一端依次交替顺序钳压至另一端。

2）铝绞线用钳压接续管（椭圆形、搭接）。接续管以热挤压加工而成，其截面为薄壁椭圆形，将导线端头在管内搭接，以液压钳或机械钳进行钳压，从接续管的一端依次交钳顺序钳压至另一端。

3）铝绞线液压对接接续管（10kV 绝缘线用、铝合金制）。以液压方法接续导线，用一定吨位的液压机和规定尺寸的压缩钢模进行，接续管受压后产生塑性变形，使接续管与导线成为一个整体，液压接续有足够的机械强度和良好的电气接触性能。

4）铜绞线液压对接接续管。接续管采用 T1 纯铜制造。

5）钢芯铝绞线液压对接接续管（含钢芯对接）。接续管由钢管和铝管组成。

6）铝合金绞线液压对接接续管。铝合金绞线机械强度大，铝材硬度高，不适于用椭圆形接续管进行搭接钳压接续，必须使用圆形接续管进行液压对接。

4. 防护金具

（1）修补条与护线条。预绞丝修补条、护线条可用于大跨越线路导线抗振和导线断股的修补。利用具有弹性的高强度铝合金丝制成预绞丝，每组几根，紧缠在导线外层，装入悬挂点的线夹中，以增加导线的刚度，减少在线夹出口处导线的附加弯曲应力；亦可对断股或划伤的导线进行修补。

（2）多频防振锤。多频防振锤的钢绞线两端用不同质量的锤头，悬挂点距钢绞线的两端亦不等长，利用这种结构，可获得四个固定频率，适应的频率较宽。

模块小结

通过本模块学习，熟悉了配电线路常用杆塔的种类及金具、导线、绝缘子和横担的类型和特点。

思考与练习

1. 绝缘子如何分类？
2. 横担的种类有哪些？
3. 金具如何分类？

》 1.2 配电线路设备 《

模块说明

本模块介绍配电线路设备的作用、结构、技术参数和选择，通过要点介绍，掌握常见配电线路设备的结构和参数。

正 文

1.2.1 柱上变压器

配电变压器是指在配电系统中，将中压配电电压的功率变换成低压配电电压的功率，以供各种低压电器设备用电的电力变压器。柱上变压器是指安装于杆上的配电变压器，按相数分为单相变压器和三相变压器，按冷却方式分为油浸式变压器和干式变压器。

1. 结构

变压器主要由铁芯、绕组、油箱、储油柜、绝缘套管、分接抽头等构成。绕组是变压器的电路，铁芯是变压器的磁路，二者构成变压器的核心即电磁部分。

铁芯是变压器中主要的磁路部分，通常由热轧或冷轧硅钢片叠装而成。铁芯分为铁芯柱和铁轭两部分，铁芯柱套有绕组，铁轭有闭合磁路之用。

　　绕组是变压器的电路部分，一般用绝缘扁铜线或圆铜线在绕线模上绕制而成。绕组套装在变压器铁芯柱上，低压绕组在内层，高压绕组套装在低压绕组外层，低压绕组和铁芯之间、高压绕组和低压绕组之间，都用绝缘材料做成的套筒分开，以便于绝缘。

　　变压器油主要作用：① 在变压器绕组与绕组、绕组与铁芯及油箱之间起绝缘作用；② 变压器油受热后产生对流，对变压器铁芯和绕组起散热作用。常用的变压器油有 10 号、25 号和 45 号三种规格。

　　储油柜的作用是当变压器的体积随着油的温度变化而膨胀或缩小时，储油柜起着储油和补油的作用，保证铁芯和绕组浸在油内；同时由于装了储油柜，缩小了油和空气的接触面，减少了油的劣化速度。

　　绝缘套管是变压器箱外的主要绝缘装置，大部分变压器绝缘套管采用瓷质绝缘套管。变压器通过高、低压绝缘套管，把变压器高、低压绕组的引线从油箱内引至油箱外，使变压器绕组对地（外壳和铁芯）绝缘，并且还是固定引线与外电路连接的主要部件。

　　分接抽头是变压器高压绕组改变抽头的装置，调整分接位置，可以增加或减少一次绕组部分匝数，以改变电压比，使输出电压得到调整。

　　10kV 柱上变压器变台分为双杆和单杆两种形式，变台设备及材料包括油浸式配电变压器、混凝土杆、跌落式熔断器、避雷器、高压电缆、低压电缆、低压综合配电箱、台区智能融合终端等。

　　柱上变压器如图 1-10 所示。

图 1-10　柱上变压器

2. 技术参数

配电变压器主要技术参数示例见表 1-1。

表 1-1 配电变压器主要技术参数示例

序号	名称		单位	技术参数
1	高压绕组额定电压		kV	10、10.5
2	低压绕组额定电压		kV	0.4
3	联结组标号			Dyn11
4	额定频率		Hz	50
5	额定容量		kVA	50/100/200/400
6	短路阻抗		%	4.0
7	相数			3
8	调压方式			无励磁
9	调压位置			高压侧
10	调压范围			$\pm 2 \times 2.5$
11	冷却方式			ONAN
12	绝缘耐热等级			A
13	噪声（计权声功率/声压级）		A/dB（A）	42
14	绝缘水平	雷电全波冲击电压（峰值）	kV	75
		雷电截波冲击电压（峰值）		85
		高压绕组短时工频耐受电压（有效值）		35
		低压绕组短时工频耐受电压（有效值）		5
15	空载电流（%）			0.5/0.45/0.4/0.35
16	空载损耗		kW	0.1/0.15/0.24/0.41
17	负载损耗		kW	0.91/1.58/2.73/4.52
18	负载能力（起始负荷80%，环境温度40℃过载能力）	过载倍数		1.5
		持续运行时间	h	2
19	短路阻抗（%）			4

3. 选择

（1）当配电变压器容量在 30kVA 及以下时，一般采用单杆配电变压器台架。当配电变压器容量在 50~400kVA 时，一般采用双杆配电变压器台架。

（2）选用高效节能型变压器，宜采用油浸式、全密封、低损耗变压器。

（3）三相变压器的变比在城区或供电半径较小地区采用 10.5±5（2×2.5）%/0.4kV；在郊区或供电半径较大地区及布置于线路末端时，采用 10±5（2×2.5）%/0.4kV。

（4）三相变压器接线组别为 Dyn11。

（5）400kVA 及以下变压器，距离变压器台 0.3m 处测量的噪声（声功率级）：非晶合金油浸式变压器不大于 45dB，硅钢油浸式变压器不大于 42dB。

（6）变压器应具备抗突发短路能力，能够通过突发短路试验。

（7）低压综合配电箱：空间满足 400kVA 及以下容量配电变压器的 1 回进线、3 回馈线及计量、无功补偿、配电智能终端等功能模块安装的要求。

（8）10kV 选用跌落式熔断器或封闭型熔断器。

（9）低压侧进线选用熔断器式隔离开关，宜选择带弹簧储能的熔断器式隔离开关，并配置栅式熔丝片和相间隔弧保护装置，出线采用断路器。城镇区域负荷密度较大，且仅供 1 回低压出线的情况下，可取消出线断路器。

（10）熔断器短路电流水平按 8/12.5kA 考虑，其他 10kV 设备短路电流水平均按 20kA 考虑。

（11）当台区需要采集供电信息、设备状态监测时需要配置台区智能融合终端。

4．作用

柱上变压器的作用是降压，它将输入的 35kV 或 10kV 变为输出的 400V，根据用户所需的 380V 或 220V 进行选接，为各种低压电器设备提供电能。

1.2.2　柱上断路器

柱上断路器是指安装于架空配电线路柱上，在正常工作状态、过载和短路状态下，具有关合和开断电路能力的开关装置。断路器可以通过手动、电动和遥控实现关合和分断，在过载或短路时，可以通过继电保护装置的动作自动将电路迅速断开。中压系统中所用断路器主要有真空断路器和 SF_6 断路器两种。

1．结构

10kV 柱上断路器有两种结构：三相共箱式、三相支柱式。三相共箱式断路器采用箱式密封结构，内部充入 SF_6 气体，具有良好的密封性能，使之不受外界环境影响，实现免维护；其弹簧操动机构采用直动链条主传动和多级脱扣系统，动作可靠性高，质量优良；本体由导电回路、绝缘系统及壳体三部分组成。三相支柱式采用固体绝缘结构，将真空灭弧室、主导电回路、绝缘支撑等部件集成在一个固封极柱里，外绝缘采用环氧树脂注射而成，本体由固体极柱、电流互感器、弹簧操动机构和底座组成。一、二次成套装置由开关本体、FTU、电源TV、连接电缆等构成。

柱上断路器如图 1-11 所示。

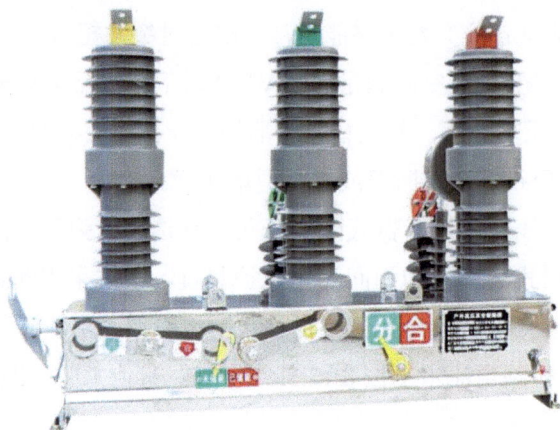

图 1-11 柱上断路器

2. 技术参数

10kV 柱上断路器主要技术参数示例见表 1-2。

表 1-2　　　　　　　　10kV 柱上断路器主要技术参数示例

序号	名称		单位	技术参数
1	额定电压		kV	12
2	额定频率		Hz	50
3	额定电流		A	630
4	额定短时耐受电流/持续时间		kA/s	20/4, 25/4
5	额定峰值耐受电流（峰值）		kA	50, 63
6	额定短路开断电流		kA	20, 25
7	额定短路开断电流开断次数		次	30
8	额定短路关合电流（峰值）		kA	50, 63
9	额定工频耐压（1min）	相间、相对地	kV	42
		开关断口		48

序号	名称		单位	技术参数
10	额定雷电冲击耐受电压	相间、相对地	kV	75
		开关断口		85
11	机械寿命		次	10000
12	额定操作顺序			分－0.3s－合 分－180s－合分

3. 选择

为确保电网的运行安全，提高电网的可靠性，在选用柱上断路器时，应从产品的性能和价格两方面加以考虑，不应以价格作为单一取向标准。重点应考虑以下几个方面：

（1）集中型馈线自动化配电线路分支或分界开关采用断路器；速动型分布式馈线自动化配电线路分段开关、联络开关为断路器。

（2）配套开关操作机构要求弹操、永磁。

（3）配套"三遥""二遥"动作型FTU。

（4）配置"三遥"终端的断路器采用光纤或无线专网等专网通信，配置"二遥"动作型终端的断路器采用可采用无线公网通信。

（5）柱上断路器配套的互感器根据实际需求选择电磁式互感器组合模式、电子式互感器组合模式和数字式互感器组合模式。

（6）供电TV为电磁式互感器，独立安装。

（7）后备电源应采用免维护阀控铅酸蓄电池、锂电池或超级电容。

（8）断路器与FTU、TV之间连接采用航插方式。

4. 作用

柱上断路器主要用于开断、关合电力系统中的负荷电流、过载电流及短路电流。适用于配电网及工矿企业配电系统中。

1.2.3 柱上负荷开关

柱上负荷开关是指安装于架空配电线路上，用来关合和开断额定电流或规定过载电流的开关装置。负荷开关以线路的接通和断开为目的，具有短路电流关合功能、短时短路电流耐受能力和负荷电流开断功能。柱上负荷开关按结构分为封闭式和敞开式，按灭弧介质分为产气式、压气式、充油式、SF_6 式和真空式。

1. 结构

柱上负荷开关由外箱体、安装架和主回路连接等部分组成。内部结构可分为主回路部分和操动机构部分。主回路连接部分是由用于三相电流开断的真空灭弧室和用于保证高开断可靠性的隔离断口组成，其中隔离断口是与真空灭弧室串联联动。开关出线采用全密封瓷套电缆浇注出线方式，使带电部分不外露。开关的高压部分、低压回路和电磁操动机构均密封在零表压的以 SF_6 气体为绝缘介质的箱体内，防止凝露发生，保证了开关本体的绝缘性能。

柱上负荷开关如图 1－12 所示。

图 1－12　柱上负荷开关

2. 技术参数

柱上负荷开关主要技术参数示例见表 1－3。

表 1－3　　　　　　　柱上负荷开关主要技术参数示例

序号	名称	单位	技术参数
1	额定电压	kV	12
2	额定电流	A	630
3	额定频率	Hz	50
4	额定短时耐受电流/额定短路持续时间	kA/s	20/4
5	额定峰值耐受电流	kA	50
6	额定有功负载开断电流	A	630
7	额定闭环开断电流	A	630

续表

序号	名称		单位	技术参数
8	额定短路关合电流		kA	50
9	机械寿命		次	3000
10	额定工频耐受电压（1min）	相对地/相间	kV	42
		断口间		48
11	额定雷电冲击耐受电压	相对地/相间	kV	75
		断口间		85

3. 选择

在选用柱上负荷开关时，应综合考虑实际情况，注意以下几点：

（1）集中型馈线自动化配电线路分断或联络开关采用负荷开关；电压时间型、电压电流时间型以及自适应综合型、缓动型分布式配电线路分段开关、联络开关为负荷开关。

（2）配套开关操作机构要求弹操、永磁。

（3）配套"三遥""二遥"FTU。

（4）配置"三遥"终端的断路器采用光纤或无限专网等专网通信，配置"二遥"动作型终端的断路器采用可采用无线公网通信。

（5）柱上负荷开关配套的互感器根据实际需求选择电磁式互感器组合模式、电子式互感器组合模式和数字式互感器组合模式。

（6）供电 TV 为电磁式互感器，独立安装。

（7）后备电源应采用免维护阀控铅酸蓄电池、锂电池或超级电容。

（8）断路器与 FTU、TV 之间连接采用航插方式。

4. 作用

柱上负荷开关主要用于开断、关合配电系统中的负荷电流，适用于配电网及工矿企业配电系统中需要频繁操作的应用场合。

1.2.4　柱上隔离开关

柱上隔离开关是高压开关的一种，用于在有电压、无负荷的情况下分断与关合电路，其主要用途是将需检修的电气设备与电源可靠隔离，构成明显的断开间隔，此间隔的绝缘及相间绝缘能够充分保障人身和设备的安全，并保证其他电气设备、线路的安全检修。

1. 结构

隔离开关主要由导电部分、绝缘部分、传动部分和底座组成。常用的型号 GW9－10G/630A、HGW9－10G/630A 等。

（1）导电部分。导电部分包括触头、闸刀、接线座，该部分的作用是传导电路中的电流。

（2）绝缘部分。绝缘部分包括支持绝缘子、操作绝缘子，其作用是将带电部分和接地部分绝缘。

图 1－13　柱上隔离开关

（3）传动机构。传动部分的作用是接收操动机构的力矩，并通过拐臂、连杆、轴齿或通过操作绝缘子，将运动传动给触头，以完成隔离开关的分、合闸动作。

（4）底座。底座的作用是起支持和固定作用，其将导电部分、绝缘子、传动机构、操动机构等固定为一体，并使其固定在基础上。

柱上隔离开关如图 1－13 所示。

2. 技术参数

柱上隔离开关主要技术参数示例见表 1－4。

表 1－4　　　　　　　柱上隔离开关主要技术参数示例

序号	名称		单位	技术参数
1	额定电压		kV	12
2	额定频率冲击耐受电压（峰值）	相间及相对地	kV	85
		隔离断口间	kV	96
3	额定工频耐受电压（有效值）	相间及相对地	kV	48
4		隔离断口间	kV	54.5
5	额定频率		Hz	50
6	额定电流		A	630
7	额定短时耐受电流		kA	20
8	额定短路持续时间		s	4
9	额定峰值耐受电流		kA	50
10	机械寿命		次	2000
11	允许运行环境温度		℃	−40～40

3. 选择

柱上隔离开关在线路有电压、无负载时切断线路时使用，可与柱上负荷开关（无隔离刀、内置隔离刀）配合使用；未带明显断开点的开关电源侧宜加装隔离开关。

4. 作用

柱上隔离开关用于有电压、无负荷的情况下分断与关合电路，构成明显的断开间隔，保证其他电气设备和线路的安全检修。

1.2.5 跌落式熔断器

跌落式熔断器是 10kV 配电线路分支线和配电变压器最常用的一种短路保护开关。通常安装在 10kV 配电线路分支线上，可缩小停电范围，且具备隔离开关的功能；也可以安装在配电变压器上，可以作为配电变压器的主保护。

1. 结构

跌落式熔断器由上下导电部分、熔丝管、绝缘部分和固定部分组成。熔丝管包括熔管、熔丝、管帽、操作环、上下动触头、短轴。熔丝材料一般为铜银合金，熔点高，并具有一定的机械强度。在熔管的上端还有一个释放压力帽，放置有一低熔点熔片。当开断大电流时，上端帽的薄熔片融化形成双端排气；当开断小电流时，上端帽的薄熔片不动作，形成单端排气。

跌落式熔断器如图 1-14 所示。

2. 技术参数

跌落式熔断器主要技术参数示例见表 1-5。

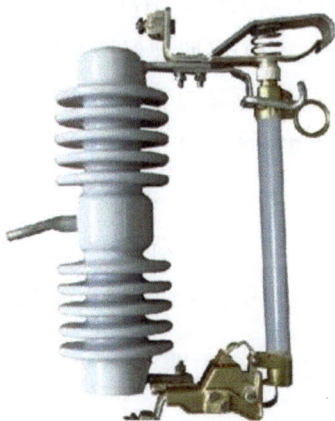

图 1-14 跌落式熔断器

表 1-5　跌落式熔断器主要技术参数示例

序号	名称	单位	技术参数
1	额定电压	kV	10
2	额定频率	Hz	50
3	额定电流	A	100、200
4	额定开断电流	kA	31.5

续表

序号	名称		单位	技术参数
5	额定短路持续时间		s	3
6	额定工频1min耐受电压	断口	kV	49
		对地	kV	42
7	额定雷电冲击耐受额定电压（1.2/50μs）	断口	kV	85
		对地	kV	75
8	爬电距离		mm	372
9	外绝缘			瓷/复合
10	机械稳定性		次	＞500

3. 选择

（1）熔断器的额定电流应不小于熔体的额定电流（一般熔体的额定电流可选为熔断器具的0.3~0.1倍）。

（2）熔断体的额定电流选择为100kVA及以下取2~3倍额定电流，100kVA以上取1.5~2倍额定电流。

（3）参照被保护系统的三相短路容量，并对所选的熔断器进行校核。保证被保护系统三相短路容量小于熔断器额定断流容量的上限，但必须大于额定断开容量的下限。

4. 作用

跌落式熔断器安装于10kV配电线路和配电变压器一次侧，提供过载和短路保护，可以装在长线路末端或分支线路上，对继电保护保护不到的范围提供保护。

1.2.6 避雷器

避雷器是一种专门限制暂时过电压、雷电过电压和操作过电压等各种过电压的电气设备。它在运行中与被保护设备相并联，并限制被保护设备所承受的电压不超过规定值，从而达到过电压保护的目的。避雷器种类较多，主要包括保护间隙、管式避雷器、阀式避雷器以及氧化锌避雷器等。其中，氧化锌避雷器的应用最为广泛。

1. 结构

避雷器主要部件包括：

（1）串联的氧化锌非线性电阻片（或称阀片）组成阀芯。

（2）玻璃纤维增强热固性树脂（FRP）构成的内绝缘和机械强度材料。

（3）热硫化硅橡胶外伞套材料。

（4）有机硅密封胶和黏合剂。

（5）内电极、外接线端子及金具。

复合外套氧化锌避雷器结构如图 1-15 所示。

氧化锌避雷器主要由氧化锌压敏电阻构成在正常的工作电压下（即小于压敏电压），压敏电阻值很大，相当于绝缘状态；但在冲击电压作用下（大于压敏电压），压敏电阻呈低值被击穿，相当于短路状态。然而压敏电

图 1-15　复合外套氧化锌避雷器

阻被击状态是可以恢复的；当高于压敏电压的电压撤销后，它又恢复了高阻状态。因此，在电力线路上安装氧化锌避雷器后，当雷击时，雷电波的高电压使压敏电阻击穿，雷电流通过压敏电阻流入大地，使电源线上的电压控制在安全范围内，从而保护了电气设备的安全。

2. 技术参数

10kV 氧化锌避雷器主要技术参数示例见表 1-6。

表 1-6　　　　　　　　10kV 氧化锌避雷器主要技术参数示例

序号	名称	单位	技术参数
1	额定电压	kV	10
2	系统标称电压	kV	10.5
3	最大电导电流	μA	6.4
4	1.2/50μs 冲击放电电压峰值不低于	kV	8
5	残压峰值（不大于）	kV	50

3. 选择

（1）配电柱上断路器、柱上负荷开关和电容器组等柱上设备需要配置避雷器保护。

（2）10kV 裸导线的线路防雷可采用带间隙避雷器；10kV 绝缘导线的线路防

雷可加装避雷器，限流消弧角，提高线路绝缘水平增长闪络路径和架空地线保护等方式。

4. 作用

避雷器是用来保护电力系统中各种电气设备免受雷电过电压、操作过电压、工频暂态过电压冲击而损坏的一种保护电器，被广泛应用在不同电压等级的输变电系统中，用于保护线路和设备。

1.2.7 环网开关柜

环网开关柜简称环网柜，安装于户外，用于中压电缆线路分段、联络及分接负荷，由进、出线环网柜及附属设备组成。

1. 结构

环网柜的基本组成部件主要有箱体、母线、负荷开关、负荷开关–熔断器组合电器、断路器、隔离开关、TV 柜、DTU 部件等。环网柜一般设 2 回进线，2、4、6 回出线，每回进、出线作为一个间隔单元。通常进线单元采用负荷开关，出线单元可采用负荷开关、断路器或负荷开关–熔断器组合电器。具备电动操动机构的环网柜需配置单独的 TV 柜单元，作为电动操动机构和其他二次设备的主供电电源，并另配蓄电池作为后备电源。环网柜见图 1–16。

图 1–16 环网柜

2. 技术参数

环网柜主要技术参数示例见表 1–7。

表 1-7　　　　　　　　　　　　环网柜主要技术参数示例

序号	名称		单位	技术参数		
				断路器单元	负荷开关	组合电器单元
1	额定电压		kV	12		
2	额定频率		Hz	50		
3	额定电流		A	630		
4	额定短路开断电流		kA	25		31.5
5	额定短路电流开断次数		次	≥30	—	
6	额定短路关合电流		kA	63		
7	额定短时耐受电流（有效值）（时间）		kA（s）	25（2）	20（2）	
8	额定峰值耐受电流		kA	63	50	
9	负荷开关额定有功负载开断电流		A	—	630	
10	负荷开关额定闭环开断电流		A	—	630	
11	负荷开关5%额定有功负载开断电流		A	—	31.5	
12	负荷开关额定电缆充电开断电流		A	—	20	
13	负荷开关额定电流开断次数		次	—	100，200	—
14	额定转移电流		A	—	—	1700
15	1min 工频耐压	相对地、相间	kA	42		
		隔离断口		48		
16	雷电冲击耐压	相对地、相间	kA	75	75	75
		隔离断口		85	85	85
17	机械寿命	断路器	次	10000	—	—
		负荷开关		—	6000	6000
		接地开关		3000	3000	3000
		隔离开关		3000	—	—
18	SF_6气体额定压力（20℃表压）		MPa	0.035	0.04	0.04
19	SF_6气体年泄漏率		%	≤0.01	≤0.1	≤0.1
20	分合闸装置和辅助回路额定电源电压		V	DC24、DC48、DC110、DC220、AC220		
21	防护等级			环网柜外壳 IP4X、IP41，气箱 IP67；户外开关箱 IP44D		

3. 选择

选择环网柜时应重点考虑以下几个方面：

（1）开关柜结构型式为全金属封闭式，应符合 GB/T 3906 规定要求。

（2）母线系统应采用铜质母线。

（3）开关柜面板应有清晰、可靠的开关（含隔离开关、接地开关）位置指示。

（4）隔离开关及接地开关操作孔应有挂锁装置，挂上锁后可阻止操作把手插入操作孔，且不应遮挡柜面板上的接线图和标志。

（5）具备"五防"功能。

（6）环网柜可分为负荷开关柜和断路器柜，根据绝缘介质，可选用气体绝缘、固体绝缘柜，断路器柜选用真空断路器柜。

（7）集中型馈线、电压时间型、电压电流时间型以及自适应综合型、缓动型分布式的自动化环网箱进线柜选择负荷开关，出线柜选择负荷开关、负荷开关＋熔断器、断路器开关；速动型分布式的自动化进线、出线柜选择断路器开关。

（8）配套开关操作机构要求弹操、永磁。

（9）配套"三遥""二遥"FTU。

（10）配置"三遥"终端的断路器采用光纤或无限专网等专网通信，配置"二遥"终端的断路器采用可采用无线公网通信。

（11）配套的互感器根据实际需求选择电磁式互感器组合模式、电子式互感器组合模式和数字式互感器组合模式。

（12）供电 TV 为电磁式互感器，独立安装。

（13）后备电源应采用免维护阀控铅酸蓄电池、锂电池或超级电容。

（14）断路器与 DTU、TV 之间连接采用航插方式。

4. 作用

环网柜用于负荷电总流量、开断短路容量、载满变压器电总流量、电力线路和电缆线路一定间隔的电流量的合分。

1.2.8 10kV 箱式变电站

10kV 箱式变电站是指由 10kV 开关设备、电力变压器、低压开关设备、电能计量设备、无功补偿设备、辅助设备和联结件等元件组成的成套配电设备，这些元件在工厂内被预先组装在一个或几个箱壳内，用来从 10kV 系统向 0.4kV 系统输送电能。

1. 结构

目前箱式变电站主要有欧式箱式变电站和美式箱式变电站两种。

（1）欧式箱式变电站。欧式箱式变电站包括高压室、变压器室和低压室三部分，组成"品"或"目"字结构，"品"字结构正前方设置高、低压室，后方设置变压器室。"目"字结构两侧设置高、低压室，中间设置变压器室。高压室选择单母线接线，进线1～2回，电缆进出线，选用气体绝缘负荷开关、气体绝缘负荷开关+熔断器；低压室选择单母线接线，馈线4～6回，0.4kV进线采用框架式空气断路器，出线采用固定式塑壳式空气断路器，配置配电智能终端并控制无功补偿，无功补偿容量可按变压器容量10%～30%考虑，可在0.4kV侧进线总柜加装计量装置；变压器室变压器可采用环保、节能型油浸式变压器，容量为400、500、630kVA。

欧式箱式变电站如图1-17所示。

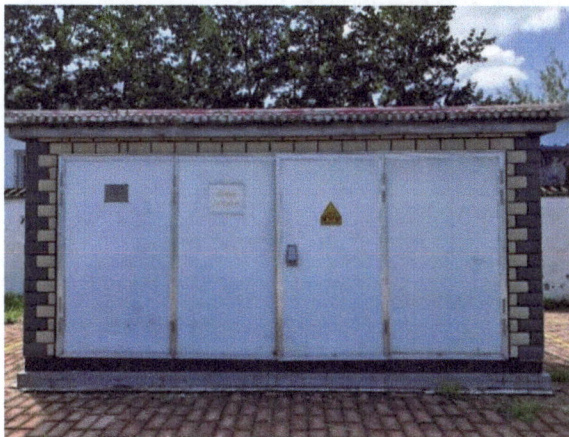

图 1-17　欧式箱式变电站

（2）美式箱式变电站。美式箱式变电站包括高压室、变压器室和低压室三部分，组成"品"字结构，"品"字结构正前方设置高、低压室，后方设置变压器室。高压室为线变组接线方式、1回进线，二位置负荷开关；低压室选择单母线接线，馈线4～6回，0.4kV进线采用框架式空气断路器，出线采用固定式塑壳式空气断路器，配置配电智能终端并控制无功补偿，无功补偿容量可按变压器容量10%～30%考虑，可在0.4kV侧进线总柜加装计量装置；变压器室变压器可采用环保、节能型油浸式变压器，容量为200、400、500、630kVA。

美式箱式变电站如图 1-18 所示。

图 1-18　美式箱式变电站

2. 技术参数

箱式变电站主要技术参数示例见表 1-8。

表 1-8　　　　　　　　箱式变电站主要技术参数示例

序号	名称	单位	技术参数
1	额定电压	kV	12
2	高压侧接线方式		终端型
3	12kV 负荷开关工位	μA	三工位
4	额定频率	Hz	50
5	额定电流	A	630（负荷开关）
6	额定工频 1min 耐受电压（相对地）	kV	42
7	额定雷电冲击耐受额定电压（1.2/50μs，相对地）	kV	75
8	额定短时耐受电流及持续时间	kA/s	20/4
9	电弧电流及燃弧持续时间	kA/s	＞20/0.5
10	额定峰值耐受电流	kA	50
11	辅助和控制回路短时工频耐受电压	kV	2

3. 选择

（1）欧式箱式变电站适用于城镇区电缆区域及适宜防火间距不足、地势狭小、选址困难区域；美式箱式变电站适用于城市道路绿化带、住宅小区绿化带、城郊空旷地带及 10kV 采用电缆进出线的配电区域。

（2）配电自动化箱式变电站选择可实现电动操作的电气设备，配置 DTU、台区智能融合终端、LTU、TV、后备电源、通信设备和接口等。

4. 作用

箱式变电站作用是降压，它将输入的 35kV 或 10kV 变为输出的 400V，根据用户所需的 380V 或 220V 进行选接，其主要作用是为各种低压电气设备提供电能。

模块小结

通过本模块学习，熟悉了常见配电线路设备的类型和特点。掌握应用的要求。

思考与练习

1. 柱上变压器的主要组成部分有什么？

2. 柱上断路器主要有哪种结构？

3. 跌落式熔断器的主要作用有哪些？

≫ 1.3　电缆配电线路 ≪

模块说明

本模块介绍电力电缆的种类和特点、结构和性能、命名方法以及电缆配电线路的敷设方式，通过要点介绍，掌握电缆导体层、屏蔽层、绝缘层的结构及性能，熟悉电缆护层的结构及作用，掌握电力电缆的命名方法。

正文

1.3.1　电力电缆的种类和特点

1. 按绝缘材料分类

电力电缆根据绝缘材料的不同，可分为油纸绝缘电缆和挤包绝缘电缆两大类。

（1）油纸绝缘电缆。油纸绝缘电缆是绕包绝缘纸带后浸渍绝缘剂（油类）

作为绝缘的电缆。

根据浸渍绝缘剂的不同，油纸绝缘电缆可以分为两类，即黏性浸渍纸绝缘电缆和不滴流浸渍纸绝缘电缆。这两种电缆的结构完全一样，制造过程除浸渍工艺有所不同外，其他均相同。不滴流浸渍纸绝缘电缆的浸渍剂黏度大，在工作温度下不滴流，能满足高差较大的环境（如矿山、竖井等）使用。

（2）挤包绝缘电缆。挤包绝缘电缆又称固体挤压聚合电缆，它是以热塑性或热固性材料挤包形成绝缘的电缆。

目前，挤包绝缘电缆有聚氯乙烯（PVC）电缆、聚乙烯（PE）电缆、交联聚乙烯（XLPE）电缆和乙丙橡胶（EPR）电缆等，这些电缆使用在不同的电压等级。交联聚乙烯电缆是 20 世纪 60 年代以后技术发展最快的电缆品种，它与油纸绝缘电缆相比，在加工制造和敷设应用方面有不少优点。其制造周期较短、效率较高、安装工艺较为简便、导体工作温度可达到 90℃。

2. 按结构分类

电力电缆按照电缆芯线的数量不同，可以分为单芯电缆和多芯电缆。

（1）单芯电缆。单芯电缆是指单独一相导体构成的电缆，一般用于大截面导体、高电压等级电缆中。单芯电缆剖面图见图 1-19。

图 1-19　单芯电缆剖面图

（2）多芯电缆。多芯电缆是指由多相导体构成的电缆，一般在小截面、中低压电缆中使用较多。多芯电缆可分为两芯、三芯、四芯、五芯等，多芯电缆剖面图见图 1-20。

3. 按电压等级分类

电力电缆的额定电压以 U_0/U（U_m）表示。U_0 表示电缆导体对金属屏蔽之间的额定电压；U 表示电缆导体之间的额定电压；U_m 表述设计采用的电缆任何两导体之间可承受的最高系统电压的最大值。根据 IEC 标准推荐，电力电缆按照电缆导体之间的额定电压 U 分为低压、中压两类。

（1）低压电缆。额定电压 U 小于 1kV，如 0.6/1。

（2）中压电缆。额定电压 U 在 6～35kV 之间，如 6/6，6/10，8.7/10，21/35，26/35。

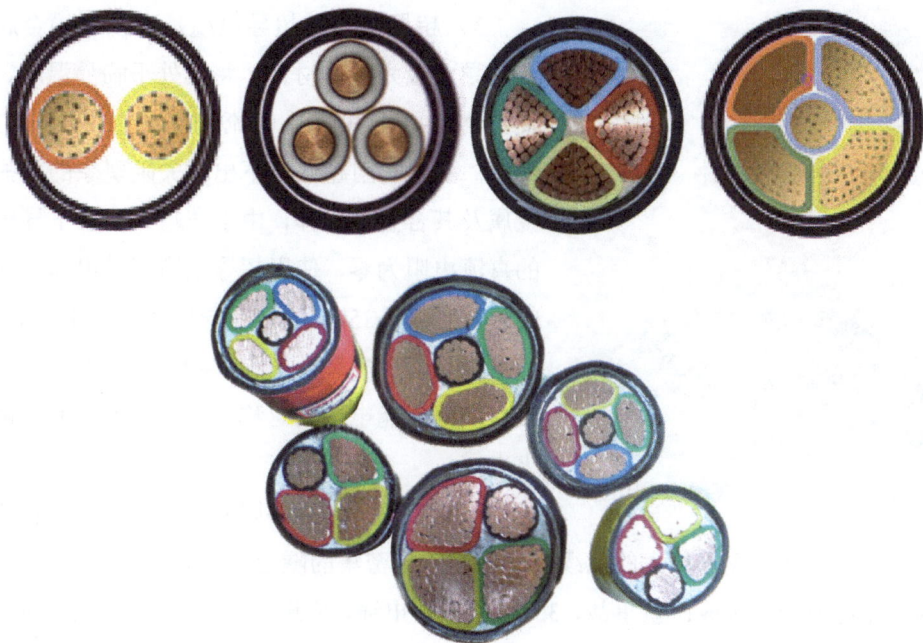

图 1-20　多芯电缆剖面图

4. 按特殊需求分类

电力电缆按照特殊需求，可分为输送大容量电能的电缆、防火电缆和光纤复合电缆等品种。

（1）输送大容量电能的电缆。

1）管道充气电缆。管道充气电缆（GIC）是以压缩的六氟化硫气体为绝缘的电缆，也称六氟化硫电缆，相当于以六氟化硫气体为绝缘的封闭母线。这种电缆适用于电压等级 400kV 及以上的超高压、传送容量 100 万 kVA 以上的大容量变电站以及高落差和防火要求较高的场所。管道充气电缆由于安装技术要求较高，成本较大，对六氟化硫气体的纯度要求很严，仅用于发电厂或变电站内短距离的电气联络线路。

2）低温有阻电缆。低温有阻电缆是指采用高纯度的铜或铝作导体材料，将其处于液氮温度（77K）或者液氢温度（20.4K）状态下工作的电缆。在极低温度下，由导体材料热振动决定的特性温度（德拜温度）之下时，导体材料的电阻随绝对温度的 5 次方急剧变化。利用导体材料的这一性能，将电缆深度冷却，以满足传输大容量电力的需要。

图 1-21　35kV 高温超导电缆

3）超导电缆。超导电缆是指以超导金属或超导合金为导体材料，将其处于临界温度、临界磁场强度和临界电流密度条件下工作的电缆。主要利用超低温下出现失阻现象的某些金属及其合金为导体，由于在超导状态下导体的直流电阻为零，使用超导电缆可以提高电缆的传输容量。35kV 高温超导电缆见图 1-21。

（2）防火电缆（见图 1-22）。防火电缆是具有防火性能电缆的总称，包括阻燃电缆和耐火电缆。

阻燃电缆是指能够阻滞、延缓火焰沿着其外表蔓延，使火灾不扩大的电缆。在电缆比较密集的隧道、竖井或电缆夹层中，为防止电缆着火酿成严重事故，35kV 及以下电缆，应选用阻燃电缆。有条件时，应选用低烟无卤或低烟低卤护套的阻燃电缆。

耐火电缆是指当受到外部火焰以一定高温和时间作用期间，在施加额定电压状态下具有维持通电运行功能的电缆，用于防火要求特别高的场所。

图 1-22　防火电缆

（3）光纤复合电缆。将光纤组合在电力电缆的结构层中，使其同时具有电力传输和光纤通信功能的电缆称为光纤复合电缆。光纤复合电缆可降低工程建设投资和运行维护费用，具有明显的技术经济意义。

1.3.2　电力电缆的基本结构

电力电缆一般由导体、绝缘层、护层三部分组成，6kV 及以上电缆导体外和绝缘层外还增加了屏蔽层。其中护层可进一步细分为外护套、铠装层和内护套，屏蔽层可细分为内屏蔽层和外屏蔽层。10kV XLPE 电缆结构示意图如图 1-23 所示。

1. 导体

导体的作用是传输电流，电缆导体（线芯）大都采用高电导系数的金属铜或铝制造。铜的电导率大，机械强度高，易于进行压延、拉丝和焊接等加工，因此，铜是电缆导体最常用的材料。

电缆导体一般由多根导线绞合而成，是为了满足电缆的柔软性和可曲性的要求。当导体沿某一半径弯曲时，导体中心线圆外部分被拉伸，中心线圆内部分被压缩，绞合导体中心线内外两部分可以相互滑动，使导体不发生塑性变形。

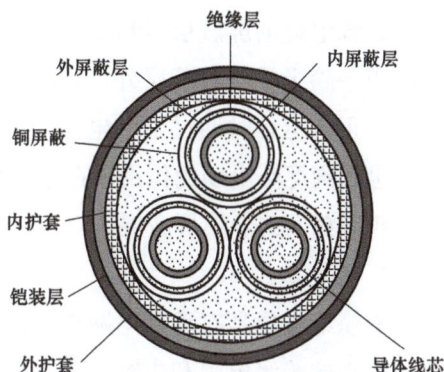

图 1-23 10kV XLPE 电缆结构示意图

绞合导体外形有圆形、扇形、腰圆形和中空圆形等。圆形绞合导体几何形状固定，稳定性好，表面电场比较均匀。20kV 及以上油纸电缆、10kV 及以上交联聚乙烯电缆，一般都采用圆形绞合导体结构；10kV 及以下多芯油纸电缆和 1kV 及以下多芯塑料电缆，为了减小电缆直径，节约材料消耗，采用扇形或腰圆形导体结构；中空圆形导体用于自容式充油电缆，其圆形导体中央以硬铜带螺旋管支撑形成中心油道，或者以型线（Z 形线和弓形线）组成中空圆形导体。

2. 屏蔽层

电缆屏蔽层是指能够将电场控制在绝缘内部，同时能够使得绝缘界面处表面光滑，并借此消除界面空隙的导电层。

电缆导体由多根导线绞合而成，它与绝缘层之间易形成气隙，导体表面不光滑，会造成电场集中。在导体表面加一层半导电材料的屏蔽层，它与被屏蔽的导体等电位，并与绝缘层良好接触，从而避免在导体与绝缘层之间发生局部放电，该屏蔽层又称为内屏蔽层。

在绝缘表面和护套接触处，也可能存在间隙，电缆弯曲时，油纸电缆绝缘表面易造成裂纹或褶皱，这些都是引起局部放电的因素。在绝缘层表面加一层半导电材料的屏蔽层，它与被屏蔽的绝缘层有良好接触，与金属护套等电位，从而避免在绝缘层与护套之间发生局部放电，该屏蔽层又称为外屏蔽层。

屏蔽层的材料是半导电材料，其体积电阻率为 $10^3 \sim 10^6 \Omega \cdot m$。油纸电缆的屏蔽层为半导电纸，半导电纸还有吸附离子的作用，有利于改善绝缘电气性能。

挤包绝缘电缆的屏蔽层材料是加入碳黑粒子的聚合物。没有金属护套的挤包绝缘电缆，除半导电屏蔽层外，还要增加用铜带或铜丝绕包的金属屏蔽层，其作用是在正常运行时通过电容电流，当系统发生短路时，作为短路电流的通道，同时也起到屏蔽电场的作用。在电缆结构设计中，要根据系统短路电流的大小，采用相应截面的金属屏蔽层。

3. 绝缘层

电缆绝缘层具有承受电网电压的功能。电缆运行时绝缘层应具有稳定的特性、较高的绝缘电阻和击穿强度、优良的耐树枝放电和局部放电性能。挤包绝缘是电缆常见绝缘类型。

挤包绝缘材料包括各类塑料、橡胶等高分子聚合物，具有耐受电网电压的功能。高分子聚合物经挤包工艺一次成型紧密地挤包在电缆导体上。典型的绝缘材料有聚氯乙烯、聚乙烯、交联聚乙烯和乙丙橡胶，主要性能如下：

（1）聚氯乙烯塑料是以聚氯乙烯树脂为主要原料，加入适量配合剂、增塑剂、稳定剂、填充剂、着色剂等，经混合塑化而制成的。聚氯乙烯具有较好的电气性能和较高的机械强度，具有耐酸、耐碱、耐油性能，工艺性能也比较好。其缺点是耐热性能较低、绝缘电阻率较小、介质损耗较大，因此仅用于 6kV 及以下的电缆绝缘。

（2）聚乙烯具有优良的电气性能，介电常数小、介质损耗小、加工方便。其缺点是耐热性差、机械强度低、耐电晕性能差、容易产生环境应力开裂。

（3）交联聚乙烯是聚乙烯经过交联反应后的产物。采用交联的方法，将线形结构的聚乙烯加工成网状结构的交联聚乙烯，从而改善了材料的电气性能、耐热性能和机械性能。聚乙烯交联反应的基本机理是，利用物理的方法（如用高能粒子射线辐照）或者化学的方法（如加入过化氧化物化学交联剂，或用硅烷接枝等）来夺取聚乙烯中的氢原子，使其成为带有活性基的聚乙烯分子。而后带有活性基的聚乙烯分子之间交联成三度空间结构的大分子。

（4）乙丙橡胶是一种合成橡胶。用作电缆绝缘的乙丙橡胶是由乙烯、丙烯和少量第三单体共聚而成。乙丙橡胶具有良好的电气性能、耐热性能、耐臭氧和耐气候性能。缺点是不耐油，可以燃烧。

4. 护层

电缆护层是指覆盖在电缆绝缘层外面的保护层。典型的护层结构包括内护套和外护层。内护套贴紧绝缘层，是绝缘的直接保护层；包覆在内护套外面的是外护层。通常，外护层由内衬层、铠装层和外被层组成。外护层的三个组成部分以同心圆形式层层相叠，成为一个整体。

护层的作用是使电缆能够适应各种使用环境的要求，使电缆绝缘层在敷设和运行过程中，免受机械或各种环境因素损坏，以长期保持稳定的电气性能。内护套的作用是阻止水分、潮气及其他有害物质侵入绝缘层，以确保绝缘层性能不变。内衬层的作用是保护内护套不被铠装轧伤。铠装层是电缆具备必须的机械强度。外被层主要是用于保护铠装层或金属护套免受化学腐蚀及其他环境损害。

1.3.3 电力电缆的命名方法

电力电缆产品的命名由产品型号、规格和标准编号表示，其中，产品型号一般由绝缘、导体、护层的代号构成，因电缆种类的不同，型号的构成有所区别；规格由额定电压、芯数、标称截面构成，以字母和数字为代号组合表示。以额定电压 1kV（$U_m = 1.2kV$）～35kV（$U_m = 40.5kV$）的挤包绝缘电力电缆命名方法为例进行介绍。产品型号的组成和排列顺序见图 1-24，各部分代号见表 1-9。

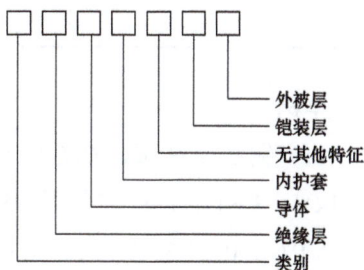

图 1-24 产品型号的组成和排列顺序

（外被层、铠装层、无其他特征、内护套、导体、绝缘层、类别）

表 1-9 各 部 分 代 号

项目		代号
导体	铜导体	（T）省略
	铝导体	L
绝缘	聚氯乙烯绝缘	V
	交联聚乙烯绝缘	YJ
	乙丙橡胶绝缘	E
	硬乙丙橡胶绝缘	HE
护套	聚氯乙烯护套	V
	聚乙烯护套	Y

续表

项目		代号
护套	弹性体护套	F
	挡潮层聚乙烯护套	A
	铅套	Q
铠装	双钢带铠装	2
	细圆钢丝铠装	3
	粗圆钢丝铠装	4
	双非磁性金属带铠装	6
	非磁性金属丝铠装	7
外护套	聚氯乙烯外护套	2
	聚乙烯外护套	3
	弹性体外护套	4

举例：

（1）铜芯交联聚乙烯绝缘钢带铠装聚氯乙烯护套电力电缆，额定电压为 0.6/1kV，3＋1 芯，标称截面 95mm²，中性线截面 50mm² 表示为：

YJV$_{22}$－0.6/1 3×95＋1×50 GB/T 12706.1—2002

（2）铝芯交联聚乙烯绝缘钢带铠装聚氯乙烯护套电力电缆，额定电压为 8.7/10kV，三芯，标称截面 300mm² 表示为：

YJLV$_{22}$－8.7/10 3×300 GB/T 12706.1—2002

（3）铜芯交联乙烯绝缘聚乙烯护套电力电缆，额定电压为 26/35kV，单芯，标称截面 400mm²，表示为：

YJY－26/35 1×400 GB/T 12706.3—2002

1.3.4 电缆配电线路敷设方式

电缆配电线路敷设可分为直埋、排管、电缆沟、电缆隧道、水底、电缆桥梁等方式。

（1）将电缆敷设于地下壕沟中，沿沟底和电缆上覆盖有软土层或沙，且设有保护板再埋齐地坪的敷设方式称为电缆直埋敷设，见图 1－25。

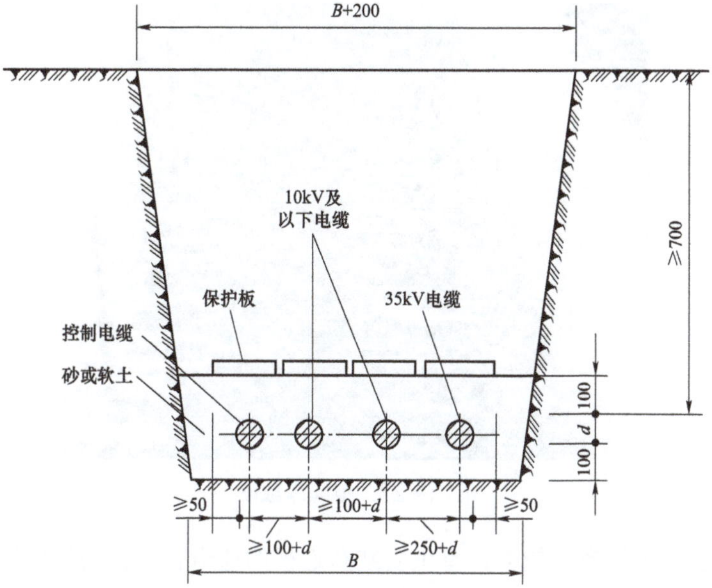

图 1-25 直埋敷设断面图

（2）将电缆敷设于预先建设好的地下排管中的安装方法，称为电缆排管敷设，见图 1-26。

图 1-26 电缆排管敷设

（3）封闭式不通行、盖板与地面相齐或稍有上下、盖板可开启的电缆构筑物为电缆沟。将电缆敷设于预先建设好的电缆沟中的安装方法，称为电缆沟敷设，见图 1-27。

图 1-27　电缆沟敷设

（4）容纳电缆数量较多，有供安装和巡视的通道且全封闭的电缆构筑物为电缆隧道。将电缆敷设于预先建设好的隧道中的安装方法，称为电缆隧道敷设，见图 1-28。

图 1-28　电缆隧道敷设

（5）水底电缆是指通过江、河、湖、海敷设在水底的电力电缆。水底电缆敷设主要使用在海岛与大陆或海岛与海岛之间的电网连接，横跨大河、长江或港湾以连接陆上架空输电线路，陆地与海上石油平台以及海上石油平台之间的相互连接，见图 1-29。

（6）将电缆敷设在交通桥梁或专用电缆桥上的电缆安装方式，称为电缆桥梁敷设，见图 1-30。

图1-29 水底电缆

图1-30 电缆桥架敷设

模块小结

通过本模块学习，重点掌握电力电缆的结构、种类等基础知识，能够掌握电力电缆的命名方法，并对电缆不同类型的敷设方式有初步了解和区分。

思考与练习

1. 电力电缆的基本结构一般由哪几部分组成？

2. 电缆屏蔽层有何作用？

3. 电力电缆按绝缘材料和结构分类，有哪几类？

2

架空配电线路及设备运维检修

≫ 2.1 架空配电线路巡视 ≪

模块说明

本模块介绍架空配电线路巡视的目的、种类和主要内容，通过要点介绍，掌握架空线路巡视的分类、架空线路巡视周期、架空线路巡视的主要内容等。

正　　文

巡视，也称巡查或巡线，是指巡线人员较为系统和有序地查看线路及其设备。巡视是线路及其设备管理工作的重要环节和内容，是保证线路及其设备安全运行的最基本工作，目的是及时了解和掌握线路健康状况、运行情况、环境情况，检查有无缺陷或安全隐患，同时为线路及其设备的检修、消缺计划提供科学的依据。

运维单位应结合配电设备、设施运行状况，气候、环境变化情况，以及上级运维管理部门的要求，编制计划，合理安排，开展标准化巡视工作。

2.1.1 架空配电线路巡视基本要求

1. 巡视的目的

（1）实时掌握线路及设备的运行状况，以及线路走廊沿线的环境状况。

（2）及时发现并消除设备缺陷，以及沿线威胁线路安全运行的隐患。

（3）及时安排线路及设备的检修消缺计划，预防事故的发生。

2. 巡线人员的职责

巡线人员是线路及设备的"卫士"和"侦察兵"，要有责任心和一定的技术水平。巡线人员要熟悉线路及设备的施工、检修工艺和质量标准，熟悉安规、运行规程及防护规程，能及时发现存在的设备缺陷及对安全运行有威胁的问题，做好护杆护线工作，保障配电线路的安全运行。主要职责如下：

（1）负责管辖设备的安全可靠运行，按规程要求及时对线路及设备进行巡视、检查和测试。

（2）负责管辖设备的缺陷处理，发现缺陷后及时做好记录，并提出处理意见。发现重大缺陷和危及安全运行的状况时，要及时向班长和部门领导汇报。

（3）负责管辖设备的维修，在班长和部门领导的组织领导下，积极参加故障巡查和故障处理。当线路发生故障时，巡线人员得到寻找与排除故障点的任务时，要迅速投入到故障巡查处理中。

（4）负责管辖设备的绝缘监督、负荷监督和防雷防污监督等现场的日常工作等。负责建立健全管辖设备的各项技术资料，做到及时、清楚、准确。

3. 巡视管理

为提高巡视质量和落实巡视维护责任，应设立巡视责任段和对应的责任人，由专人负责某个责任段的巡视和维护。

巡视工作最重要的是质量，巡视检查一定要到位，对每基杆塔、每个部件及沿线情况、周围环境检查，要认真、全面、细致。

线路及设备的巡视必须使用巡视卡，巡视完毕后及时做好记录。巡视卡是检查巡视工作质量的重要依据，应由巡线人员认真填写，并由班长和部门领导签名同意。检查出的线路及设备缺陷应认真记录，分类整理，制订方案，确定时间，及时安排人员消除线路及设备缺陷。此外，巡线员应有巡线手册，随时记录线路运行状况及发现的设备缺陷。

4. 巡视的安全要求

（1）巡视工作应由有配电工作经验的人员担任。单独巡视人员应经工区批准并公布。

（2）偏僻山区、夜间、事故或恶劣天气等巡视工作，应至少两人一组进行。

（3）正常巡视应穿绝缘鞋；雨雪、大风天气或事故巡线，巡视人员应穿绝缘靴或绝缘鞋；汛期、暑天、雪天等恶劣天气和山区巡线应配备必要的防护用具、自救器具和药品；夜间巡线应携带足够的照明用具。

（4）大风天气巡线，应沿线路上风侧前进，以免触及断落的导线。事故巡视应始终认为线路带电，保持安全距离。夜间巡线，应沿线路外侧进行。巡线时禁止泅渡。

（5）雷电时，禁止巡线。

（6）地震、台风、洪水、泥石流等灾害发生时，禁止巡视灾害现场。

（7）灾害发生后，若需对配电线路、设备进行巡视，应得到设备运维管理单位批准。巡视人员与派出部门之间应保持通信联络。

（8）单人巡视时，禁止攀登杆塔和配电变压器台架。

（9）巡视中发现高压配电线路、设备接地或高压导线、电缆断落地面、悬挂空中时，室内人员应距离故障点 4m 以外，室外人员应距离故障点 8m 以外；并迅速报告调度控制中心和上级，等候处理。处理前应防止人员接近接地或断线地点，以免跨步电压伤人。进入上述范围人员应穿绝缘靴，接触设备的金属外壳时，应戴绝缘手套。

（10）无论高压配电线路、设备是否带电，巡视人员不得单独移开或越过遮栏；若有必要移开遮栏时，应有人监护，并保持足够的安全距离。

5. 巡视的技术要求

（1）运行单位应结合设备运行状况和气候、环境变化情况以及上级生产管理部门的要求，制定切实可行的管理办法，编制计划并合理安排线路、设备的巡视检查（简称巡视）工作，上级生产管理部门应对运行单位开展的巡视工作进行监督与考核。

（2）巡视分类。

1）定期巡视：由配电网运行人员进行，以掌握设备设施的运行状况、运行环境变化情况为目的，及时发现缺陷和威胁配电网安全运行情况的巡视。

2）特殊巡视：在有外力破坏可能、恶劣气象条件（如大风、暴雨、覆冰、高温等）、重要保电任务、设备带缺陷运行或其他特殊情况下，由运行单位组织对设备进行的全部或部分巡视。

3）夜间巡视：在负荷高峰或雾天的夜间由运行单位组织进行，主要检查连接点有无过热、打火现象，绝缘子表面有无闪络等的巡视。

4）故障巡视：由运行单位组织进行，以查明线路发生故障的地点和原因为目的的巡视。

5）监察巡视：由管理人员组织进行的巡视工作，了解线路及设备状况，检查、指导巡视人员的工作。

（3）巡视周期。

1）定期巡视周期如表2-1所示。可根据设备状态评价结果，对该设备的定期巡视周期动态调整，架空配电线路通道与电缆配电线路通道的定期巡视周期不得延长。

2）重负荷、三级污秽及以上地区线路，每年至少进行一次夜间巡视，其余视情况确定。

3）重要线路和故障多发的线路，每年至少进行一次监察巡视。

表2-1　　　　　　　　　　定　期　巡　视　周　期

序号	巡视对象	周期
1	架空线路通道	市区：一个月
		郊区及农村：一个季度
2	电缆线路通道	一个月
3	架空线路、柱上开关设备 柱上变压器、柱上电容器	市区：一个月
		郊区及农村：一个季度
4	电力电缆线路	一个季度
5	中压开关站、环网单元	一个季度
6	配电室、箱式变电站	一个季度
7	防雷与接地装置	与主设备相同
8	配电终端、直流电源	与主设备相同

（4）各单位应积极建立各类有效的监督检查机制，确保巡视工作规范、有效。

（5）巡视人员应随身携带相关资料及常用工具、备件和个人防护用品。

（6）巡视人员在巡视检查线路、设备时，应同时核对命名、编号、标识等，并在满足安全规程与确保安全的前提下，进行维护和简单消缺工作，如清除设备下面生长较高的杂草、蔓藤等工作。

（7）巡视人员应认真填写巡视记录，包括气象条件、巡视人、巡视日期、巡视范围、线路设备名称及发现的缺陷情况、缺陷类别，沿线危及线路设备安全的树木、建筑和施工情况、存在外力破坏可能的情况、交叉跨越的变动情况以及初步处理意见和情况等。

（8）巡视人员在发现紧急（危急）缺陷时，应立即向班长汇报，并协助做好消缺工作；发现影响安全的施工作业情况，应立即开展调查，做好现场宣传、劝阻工作，并书面通知施工单位；巡视发现的问题要及时进行记录、分析、汇总，重大问题应及时向有关部门汇报。

（9）各单位应进一步加强对于外力破坏、恶劣气象条件情况下的特殊巡视工作，确保配电网安全可靠运行。

（10）定期巡视的主要范围。

1）架空线路及其附属电气设备。

2）防雷与接地装置等设备。

3）架空线路、电缆通道内的树木，违章建筑及悬挂、堆积物，周围的挖沟、取土、修路、开山放炮及其他影响安全运行的施工作业等。

4）各类相关的运行、警示标识及相关设施。

（11）特殊巡视的主要范围。

1）存在外力破坏可能，或在恶劣气象条件下影响安全运行的线路及设备。

2）设备缺陷近期有发展和有重大（严重）缺陷、异常情况的线路及设备。

3）重要保电任务期间的线路及设备。

4）新投运、大修预试后、改造和长期停用后重新投入运行的线路及设备。

5）根据检修或试验情况，有薄弱环节或可能造成缺陷的线路及设备。

2.1.2　架空配电线路巡视内容

1. 通道的巡视

（1）线路保护区内有无易燃、易爆物品和腐蚀性液（气）体。

（2）导线对地，对道路、公路、铁路、索道、河流、建筑物等的距离应符合《配电网运维规程》（Q/GDW 1519）的相关规定，有无可能触及导线的铁烟囱、天线、路灯等。路灯距离过近示例图见图 2-1。

（3）是否存在可能被风刮起危及线路安全的物体（如金属薄膜、广告牌、风筝等）。

（4）线路附近的爆破工程有无爆破手续，其安全措施是否妥当。

（5）防护区内栽植的树、竹情况及导线与树、竹的距离是否符合规定，有无蔓藤类植物附生威胁安全。线路通道树木距离不符合规定示例图见图 2-2。

图 2-1　路灯距离过近示例图

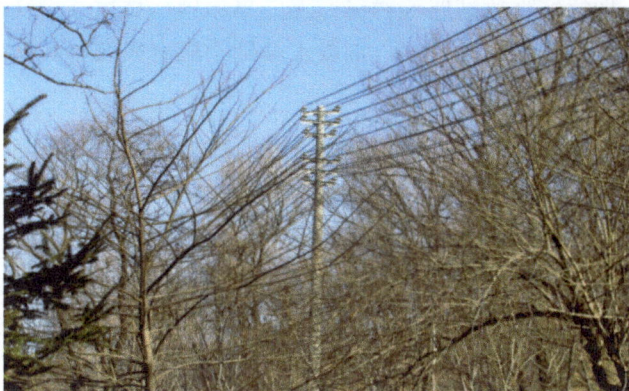

图 2-2　线路通道树木距离不符合规定示例图

（6）是否存在对线路安全构成威胁的工程设施（如施工机械、脚手架、拉线、开挖、地下采掘、打桩等）。

（7）是否存在电力设施被擅自移作他用的现象。

（8）检查线路附近出现的高大机械、揽风索及可移动的设施等。

（9）检查线路附近的污染源情况。

（10）检查线路附近河道、冲沟、山坡的变化，巡视、检修时使用的道路、桥梁是否损坏，是否存在江河泛滥及山洪、泥石流对线路的影响。

（11）是否有在线路附近修建的道路、码头、货物等。

（12）线路附近有无射击、放风筝、抛扔杂物、飘洒金属和在杆塔、拉线上拴牲畜等。

（13）是否存在在建、已建违反《电力设施保护条例》及《电力设施保护条例实施细则》的建筑和构筑物。

（14）通道内有无未经批准擅自搭挂的弱电线路。

（15）是否有其他可能影响线路安全的情况。

2．杆塔和基础的巡视

（1）杆塔是否倾斜、位移，杆塔偏离线路中心不应大于 0.1m，混凝土杆倾斜不应大于 15/1000，转角杆不应向内角倾斜，终端杆不应向导线侧倾斜，向拉线侧倾斜应小于 0.2m。

（2）混凝土杆不应有严重裂纹、铁锈水，保护层不应脱落、疏松、钢筋外露，混凝土杆不宜有纵向裂纹，横向裂纹不宜超过 1/3 周长，且裂纹宽度不宜大于 0.5mm；焊接杆焊接处应无裂纹，无严重锈蚀；铁塔（钢杆）不应严重锈蚀，主材弯曲度不得超过 5/1000，混凝土基础不应有裂纹、疏松、露筋。杆身严重裂纹示例图见图 2-3。

（3）基础有无损坏、下沉、上拔，周围土壤有无挖掘或沉陷，杆塔埋深是否符合要求。杆塔基础受破坏示例图见图 2-4。

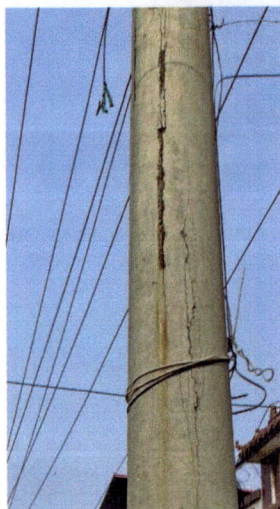

图 2-3　杆身严重裂纹示例图　　　　图 2-4　杆塔基础受破坏示例图

（4）杆塔有无被水淹、水冲的可能，防洪设施有无损坏、坍塌。

（5）杆塔位置是否合适、有无被车撞的可能，保护设施是否完好，警示标志是否清晰。

（6）杆塔标志，如杆号牌、相位牌、警告牌、3m 线标记等是否齐全、清晰明显、规范统一、位置合适、安装牢固。

（7）各部螺丝应紧固，杆塔部件的固定处是否缺螺栓或螺母，螺栓是否松动等。

（8）杆塔周围有无藤蔓类攀缘植物和其他附着物，有无危及安全的鸟巢、风筝及杂物。

（9）有无未经批准同杆搭挂设施或非同一电源的低压配电线路。

（10）基础保护帽上部塔材有无被埋入土或废弃物堆中，塔材有无锈蚀、缺失。

3. 横担、金具、绝缘子的巡视检查

（1）铁横担与金具有无严重锈蚀、变形、磨损、起皮或出现严重麻点，锈蚀表面积不应超过 1/2，特别要注意检查金具经常活动、转动的部位和绝缘子串悬挂点的金具。

（2）横担上下倾斜、左右偏斜不应大于横担长度的 2%。

（3）螺栓是否紧固，有无缺失螺母、销子，开口销及弹簧销有无锈蚀、断裂、脱落。

（4）瓷质绝缘子有无损伤、裂纹和闪络痕迹，釉面剥落面积不应大于 $100mm^2$，合成绝缘子的绝缘介质是否龟裂、破损、脱落。绝缘子损伤示例图见图 2-5。

图 2-5　绝缘子损伤示例图

（5）铁脚、铁帽有无锈蚀、松动、弯曲偏斜。

（6）瓷横担、瓷顶担是否偏斜。

（7）绝缘子钢脚有无弯曲，铁件有无严重锈蚀，针式绝缘子是否歪斜。

（8）在同一绝缘等级内，绝缘子装设是否保持一致。

（9）铝包带、预绞丝有无滑动、断股或烧伤，防振锤有无移位、脱落、偏斜。

（10）驱鸟装置工作是否正常。

4. 拉线的巡视

（1）拉线有无断股、松弛、严重锈蚀和张力分配不匀的现象，拉线的受力角度是否适当，当一基电杆上装设多条拉线时，各条拉线的受力应一致。拉线松弛示例图见图2-6。

图2-6 拉线松弛示例图

（2）跨越道路的水平拉线，对路边缘的垂直距离不应小于6m；跨越电车行车线的水平拉线，对路面的垂直距离不应小于9m。

（3）拉线棒有无严重锈蚀、变形、损伤及上拔现象，必要时应做局部开挖检查。

（4）拉线基础是否牢固，周围土壤有无突起、沉陷、缺土等现象。

（5）拉线绝缘子是否破损或缺少，对地距离是否符合要求。

（6）拉线不应设在妨碍交通（行人、车辆）或易被车撞的地方，无法避免时应设有明显警示标志或采取其他保护措施，穿越带电导线的拉线应加设拉线绝缘子。

（7）拉线杆是否损坏、开裂、起弓、拉直。

（8）拉线的抱箍、拉线棒、UT 型线夹、楔型线夹等金具铁件，有无变形、锈蚀、松动或丢失现象。

（9）顶（撑）杆、拉线桩、保护桩（墩）等有无损坏、开裂等现象。

（10）拉线的 UT 型线夹是否被埋入土或废弃物堆中。

（11）因环境变化，拉线是否妨碍交通。

5. 导线的巡视

（1）导线有无断股、损伤、烧伤、腐蚀的痕迹，绑扎线有无脱落、开裂，连接线夹螺栓应紧固、无跑线现象，7 股导线中任一股损伤深度不得超过该股导线直径的 1/2，19 股及以上导线任一处的损伤不得超过 3 股。导线断股示例图见图 2-7。

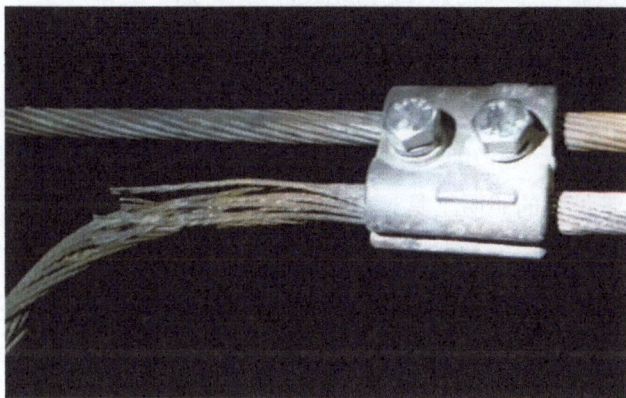

图 2-7　导线断股示例图

（2）三相弛度是否平衡，有无过紧、过松现象，三相导线弛度误差不得超过设计值的 - 5%或 + 10%，一般档距内弛度相差不宜超过 50mm。

（3）导线连接部位是否良好，有无过热变色和严重腐蚀现象，连接线夹是否缺失。

（4）跳（档）线、引线有无损伤、断股、弯扭现象。

（5）导线的线间距离，过引线、引下线与邻相的过引线、引下线、导线之间的净空距离，以及导线与拉线、电杆或构件的距离应符合《配电网运维规程》（Q/GDW 1519）的规定。

（6）导线上有无抛扔物。

（7）架空绝缘导线有无过热、变形、起泡现象。

（8）支持绝缘子绑扎线有无松弛和开断现象。

（9）与绝缘导线直接接触的金具绝缘罩是否齐全，有无开裂、发热变色变形，接地环设置是否满足要求。

（10）线夹、连接器上有无锈蚀或过热现象（如接头变色、熔化痕迹等），连接线夹弹簧垫是否齐全，螺栓是否紧固。

（11）过引线有无损伤、断股、松股、歪扭，与杆塔、构件及其他引线间距离是否符合规定。

6. 低压线路和设备的巡视

（1）低压线路和设备的巡视工作应由有工作经验的人员担任。单独巡视线路和设备人员应考试合格并经工区（公司、所）分管生产领导批准。偏僻山区、隧道中的低压线路和夜间巡线应由两人进行。汛期、暑天、雪天等恶劣天气，必要时由两人进行。单人巡线时，禁止攀登电杆和铁塔。

（2）雷雨、大风天气或事故巡线，巡视人员应穿绝缘鞋或绝缘靴；汛期、暑天、雪天等恶劣天气和山区巡线应配备必要的防护工具、自救器具和药品；夜间巡线应携带足够的照明工具。

（3）夜间巡线应沿线路外侧进行；大风时，巡线应沿线路上风侧前进，以免万一触及断落的导线；特殊巡视应注意选择路线，防止洪水、塌方、恶劣天气等对人的伤害。巡线时禁止涉渡。事故巡线应始终认为线路带电。即使明知该线路已停电，也应认为线路随时有恢复送电的可能。

（4）巡线人员发现低压导线、电缆断落地面或悬挂空中，应立即派人看守，设法防止行人靠近断线地点 4m 以内，以免跨步电压伤人，同时应尽快将故障点的电源切断，并迅速报告调度和上级，等候处理。低压导线断线示例图见图 2−8。

（5）巡视检查时，严禁更改施工作业已做好的安全措施、禁止攀登电杆或配电变压器台架。进行配电设备巡视的人员，应熟悉设备的内部结构和接线情况。巡视检查配电设备时，不得越过遮栏或围墙。进出配电室（箱）应随手关门，巡视完毕应上锁。

（6）在巡视检查中，发现有威胁人身安全的缺陷时，应采取相应的应急措施。

图 2-8 低压导线断线示例图

模块小结

通过本模块学习，重点掌握配电架空线路巡视的分类、架空线路巡视周期、架空线路巡视的主要内容等。

思考与练习

1. 配电线路巡视有哪几类？
2. 配电架空线路杆塔和基础的巡视有哪些内容？
3. 配电架空线路导线巡视内容有哪些？

2.2 架空配电设备巡视

模块说明

本模块介绍柱上断路器、柱上负荷开关、柱上电容器、馈线终端、低压配电箱、低压开关箱等巡视与检查方法，通过要点介绍，联系现场生产，掌握中低压架空配电设备巡查要项及易疏忽源点，熟悉应用中压架空配电设备常用的评价方法。

2.2.1　中压架空配电设备的日常运行与巡视

中压架空配电设备应用普遍，种类较多，通过对柱上断路器、柱上负荷开关、柱上电容器、馈线终端等巡视与检查要项进行归纳梳理，揭示巡查过程中的易疏忽点，保证巡查质量。

1. 柱上开关设备

（1）断路器和负荷开关。

1）外壳有无渗漏油和锈蚀现象。

2）套管有无破损、裂纹和严重污染或放电闪络的痕迹。

3）开关的固定是否牢固、是否下倾，支架是否歪斜、松动，引线接点和接地是否良好，线间和对地距离是否满足要求。

4）气体绝缘开关的压力指示是否在允许范围内，油绝缘开关油位是否正常。

5）开关的命名、编号，分、合和储能位置指示，警示标志等是否完好、正确、清晰。

6）各个电气连接点连接是否可靠，铜铝过渡是否可靠，有无锈蚀、过热和烧损现象。

（2）负荷开关、隔离开关。

1）绝缘件有无裂纹、闪络、破损及严重污秽现象。

2）熔丝管有无弯曲、变形现象。

3）触头间接触是否良好，有无过热、烧损、熔化现象。

4）各部件的组装是否良好，有无松动、脱落现象。

5）引下线接点是否良好，与各部件间距是否合适。

6）安装是否牢固，相间距离、倾角是否符合规定。

7）操作机构有无锈蚀现象。

8）隔离负荷开关的灭弧室是否完好。

2. 柱上电容器

（1）绝缘件有无闪络、裂纹、破损和严重脏污现象。

（2）有无渗、漏油现象。

（3）外壳有无膨胀、锈蚀现象。

（4）接地是否良好。

（5）放电回路及各引线接线是否良好。

（6）带电导体与各部的间距是否合适。

（7）熔丝是否熔断。

（8）柱上电容器运行中的最高温度不应超过制造厂规定值。

3. 馈线终端（FTU）

（1）检查设备表面是否清洁，有无裂纹和缺损现象。

（2）检查二次端子排接线部分是否松动。

（3）检查交直流电源是否正常。

（4）检查柜门关闭是否良好，有无锈蚀、积灰现象，电缆进出孔封堵是否完好。

（5）检查终端设备运行工况是否正常，各指示灯信号是否正常。

（6）检查通信是否正常，能否接收主站发下来的报文。

（7）检查遥测数据是否正常，遥信位置是否正确。

（8）检查设备的接地是否牢固可靠，终端装置电缆线头的标号是否清晰正确、有无松动现象。

（9）对终端装置参数定值等进行核实及时钟校对，做好相关数据的常态备份工作。

（10）检查相关二次安全防护设备运行是否正常。

（11）检查有无工况退出站点，有无遥测、遥信信息异常情况。

4. 开关柜、配电柜的巡视

（1）开关分、合闸位置是否正确，与实际运行方式是否相符，控制把手与指示灯位置是否对应，SF_6 开关气体压力是否正常。

（2）开关防误闭锁是否完好，柜门关闭是否正常，油漆有无剥落现象。

（3）设备的各部件连接点接触是否良好，有无放电声，有无过热变色、烧熔现象，示温片是否熔化脱落。

（4）设备有无凝露，加热器、除湿装置是否处于良好状态。

（5）接地装置是否良好，有无严重锈蚀、损坏现象。

（6）母线排有无变色、变形现象，绝缘件有无裂纹、损伤及放电痕迹。

（7）各种仪表、保护装置、信号装置是否正常。

（8）铭牌及标识标示是否齐全、清晰。

（9）模拟图板或一次接线图与现场是否一致。

5. 防雷和接地装置

（1）一般巡视与检查要求。

1）防雷装置应在雷季之前投入运行。

2）接地电阻的测量周期：柱上开关设备、柱上电容器设备的接地电阻测量每两年进行一次，接地电阻测量应在干燥天气进行。

3）柱上负荷开关、隔离开关和熔断器防雷装置的接地电阻不应大于10Ω。

（2）避雷器。

1）避雷器外观有无破损、开裂现象，有无闪络痕迹，表面是否脏污。避雷器损坏示例图见图2-9。

图2-9 避雷器损坏示例图

2）避雷器上、下引线连接是否良好，引线与构架、导线的距离是否符合规定。

3）避雷器支架是否歪斜，铁件有无锈蚀现象，固定是否牢固。

4）带脱离装置的避雷器是否已动作。

（3）防雷金具。防雷金具等保护间隙有无烧损、锈蚀或被外物短接现象，间隙距离是否符合规定。

（4）接地。接地线和接地体的连接是否可靠，接地线绝缘护套是否破损，接地体有无外露、严重锈蚀现象，在埋设范围内有无土方工程。

2.2.2 低压架空配电设备的日常运行与巡视

1. 低压配电箱的巡视与检查

按照低压配电箱（见图2-10）功能单元的划分和要求，其巡视与检查内容可为4部分：进线单元、馈线单元、无功补偿单元、防雷保护和接地。

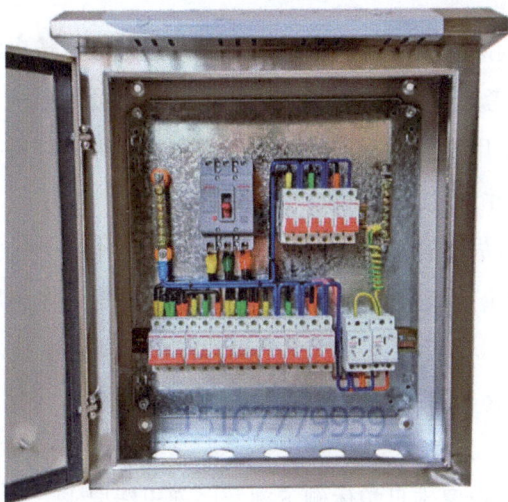

图2-10 低压配电箱

（1）进线单元。

1）一般要求。

a. 进线宜选用带弹簧储能的熔断器式隔离开关，并配置栅式熔丝片和相间隔弧保护装置，由箱体侧上部采用绝缘线或电缆接入，接入处空间应满足300mm² 截面单芯低压电缆转弯半径及应力要求。

b. 进线单元内标准计量专用 LMZ 型穿心式电流互感器的安装位置，其中，LMZ1D：75～150A，LMZ2D：200～500A，LMZ3D：600～800A。互感器安装部位须预制固定支架，支架尺寸应与互感器规格匹配，也可用标准金属结构件替代，须确保互感器可靠固定牢固。

c. 箱内低压母线排截面除满足温升、动热稳定校验外，还应满足标准计量专用穿心式低压电流互感器安装孔距要求，互感器安装位置与母线排连接结构应充分考虑互感器安装、维护的方便性。

2）测量。

a. 应满足电压、电流基本量测量。

b. 电压表应能测量线电压和相电压，表计精度在 1.5 级及以上。

c. 电流表应能测量三相电流，表计精度在 1.5 级及以上。

d. 宜安装测量功率因数、功率等参数的测量装置。

（2）馈线单元。

1）装置出线回路为 2 路或 3 路，每条回路额定电流按电流分散系数选择，采用平均分配，并考虑 1 回大电流出线需求的原则配置。

2）装置出线采用塑壳断路器或断路器带剩余电流动作保护电器，均要求具备明显断开标识，并可选配可视断点型断路器。

3）断路器不带失压脱扣器，其技术参数详见专用部分技术参数特性表。如果断路器采用带剩余电流保护、电子式、带通信功能，除满足专用部分技术参数特性表的要求外，还应符合《剩余电流动作保护器选型技术原则和检测技术规范》（Q/GDW 11196）的规定，并具有采集数据预留接口（采集终端采用 RS－485 串行电气接口）。

4）装置出线孔设置满足箱体侧下部及底部出线要求。

5）出线断路器可采用挂接布置。

（3）无功补偿单元。

1）装置至少应满足《低压成套无功功率补偿装置》（GB/T 15576）的规定，小容量电容器组配，实现精细补偿，防止过补偿。

2）电容器应选用低压自愈式电容器，其电压参数宜大于 1.1 倍系统运行额定有效值电压。

3）电容器的投切元件应采用可控硅复合开关、电磁继电器式开关或其他无涌流投切开关，要求实现电压过零时投入，电流过零时切除。

4）电容器在额定电网中切除后，能满足 3min 之内将残压控制在 50V 以下。

5）无功补偿装置应具备过电流及速断的基本保护配置。可采用断路器或熔断器保护，其额定电流宜按电容器额定电流的 1.5 倍选取，动作定值按计算数值确定。热继电器动作定值适度加大。

6）装置的电压保护符合下列规定：保护动作电压至少在 1.1 倍～1.2 倍装

置额定电压间可调，当装置的过电压达到设定值时电容应全部立即切除并拒绝投入。

7）电容补偿装置应具有进行远程投切、补偿参数设置、补偿记录查询、分区段功率因数统计的功能。应能通过电容电流与实际投切电容量的对比，实现电容器的在线状态检测。

8）装置壳体和部件要求采用高阻燃耐冲击塑料，具备机械强度高、耐热性能好、使用寿命长等优点。

9）无功补偿单元应配置避雷器，防止雷电过电压、操作浪涌过电压和其他瞬态过电压对交流电源系统和用电设备造成的损坏。

（4）防雷保护和接地。

1）防雷保护元件应选择Ⅰ类浪涌保护器。其接地线截面积不小于 $6mm^2$。

2）装置金属外壳可作为装置内、外部接地的主接地体，统一设置公共接地端子。接地端子直径不小于 12mm，应能耐腐蚀和氧化，并有持久、耐用且明显的接地标识。

3）装置门与装置主体间，以及装有电气元件且活动的面板与装置主体间，应用 $6mm^2$ 铜编织线牢固连接。箱内任一可能接地的点到主接地点在 30A（DC）电流条件下试验，电压降应不大于 3V。

4）装置主体同各个非组焊部件（如槽板等）之间的连接，不论采用螺丝、铰链或者其他任何方式，箱内任一可能接地的点到主接地点在 30A（DC）电流条件下试验，电压降应不大于 3V。

5）装置运行时外壳应接地（金属外壳）。

2. 低压开关箱的巡视与检查

（1）一般巡视与检查要求。

1）分、合开关的操作机构为内置弹簧储能机构，且应有足够的机械强度，保证分、合操作的快速到位，与开关（触头）同步可靠联动。应有明显可靠的触头位置指示，分别用"合"表示开关（触头）闭合位置；"分"表示开关（触头）断开位置。操作手柄应有良好的绝缘。

2）内设熔断器式隔离开关的开关箱灭弧结构采取金属栅片灭弧室结构，钢栅片须镀锌，消弧罩安装须牢固无松动。动触头（刀片）载流面积不小于 $500mm^2$，三相动触头间须有隔断装置阻断熔断体飞溅物。

（2）电流互感器巡视与检查要求。

1）内设断路器的开关箱。

a. 电流互感器与开关间采用绝缘环氧板隔开，箱门分上下两层分别开启。

b. 电流互感器的母线排同开关室母线排应分断，方便更换电流互感器（母线排式和穿心绕组式均应适用）。

2）内设熔断路器隔离开关的开关箱。

a. A、B、C 三相为整体结构，可快速拆卸和更换。

b. 一次绕组为表面镀锡处理的 T2 纯铜排，截面不低于 $8 \times 50mm^2$。

3）二次绕组进、出线为 $2.5mm^2$ 的软绞线，三相电压等电位线为 $1.5mm^2$ 的软绞线，二次回路绞线间采用集束接插件连接。

4）电流互感器等级：0.5 级。

5）电流互感器变比：根据现场要求配置。

6）电流互感器启动电流为 1%额定电流。

（3）现场交接试验验收。低压开关箱安装完毕后应进行现场交接试验验收，内容包括外观检查、图纸与说明书，所有螺栓及接线的紧固情况，控制、测量、保护在内的正确功能等。现场交接试验项目如下：

1）一般检查。

2）绝缘电阻试验。

3）工频交流耐压试验。

4）接地连续性试验。

3. 微电网装置的巡视与检查

（1）日常运行与检查。

1）有功功率控制与检查。通过 380V 电压等级并网的微电网，其最大交换功率、功率变化率可远程或就地手动完成设置。

2）无功功率与电压调节与检查。通过 380V 电压等级并网的微电网，并网点功率因数应在 0.95（超前）～0.95（滞后）范围内可调。

3）现场运行适应性检查。

a. 当并网点电压偏差满足《电能质量 供电电压偏差》（GB/T 12325）的要求时，微电网应能正常并网运行。

b. 通过 380V 电压等级并网的微电网，并网点频率在 49.5～50.2Hz 范围之内时，应能正常并网运行。

（2）安全运行可靠性检查。

1）微电网内的接地方式应和电网侧的接地方式保持一致，并应满足人身设备安全和保护配合的要求。

2）通过 380V 电压等级并网的微电网，应在并网点安装易操作，具有明显开断指示、具备开断故障电流能力的开关。

3）通过 380V 电压等级并网的微电网，连接微电网和电网的专用低压开关柜应有醒目标识。标识应标明"警告""双电源"等提示性文字和符号。标识的形状、颜色、尺寸和高度应按照《安全标志及其使用导则》（GB 2894）的规定执行。

（3）通信与信息检查。

1）通过 380V 电压等级并网的微电网，应具有监测和记录运行状况的功能。

2）通过 380V 电压等级并网的微电网，可采用无线或光纤公网通信方式，但应采取信息安全防护措施。

3）通过 380V 电压等级并网的微电网，应具备电量上传功能。

4. 分布式电源装置的巡视与检查

（1）日常运行与检查。通过 380V 电压等级并网的分布式电源，在并网点处功率因数应满足以下要求：

1）同步发电机类型和变流器类型分布式电源应具备保证并网点功率因数应在 0.95（超前）～0.95（滞后）范围内可调节的能力。

2）异步发电机类型分布式电源应具备保证并网点处功率因数在 0.98（超前）～0.98（滞后）范围可调节的能力。

（2）保护装置检查要求。

1）一般性要求。为保证设备和人身安全，分布式电源应具备相应继电保护功能，以保证配电网和发电设备的安全运行，确保维修人员和公众人身安全，其保护装置的配置和选型应满足所辖电网的技术规范和反事故措施。

a. 接有分布式电源的 10kV 配电台区，不应与其他台区建立低压联络（配电室、箱式变低压母线间联络除外）。

b. 分布式电源的接地方式应和配电网侧的接地方式相协调，并应满足人身设备安全和保护配合的要求。

c. 通过 380V 电压等级并网的变流器类型分布式电源，应在并网点安装易操作，具有明显开断指示、具备开断故障电流能力的开关，开关应具备失压跳闸及检有压合闸功能。

d. 分布式电源的保护应符合可靠性、选择性、灵敏性和速动性的要求，其技术条件应满足《分布式电源接入电网技术规定》（Q/GDW 1480）和《3kV～110kV 电网继电保护装置运行整定规程》（DL/T 584）的要求。

2）电压和频率保护检查。

a. 通过 380V 电压等级并网，当并网点处电压一定的电压范围时，应在相应的时间内停止向电网线路送电，见表 2-2，此要求适用于多相系统中的任何一相。

表 2-2　　　　　　　　　　电压保护动作时间要求

并网点电压	要求
$U < 50\%U_n$	最大分闸时间不超过 0.2s
$50\%U_n \leqslant U < 85\%U_n$	最大分闸时间不超过 2.0s
$85\%U_n \leqslant U \leqslant 110\%U_n$	连续运行
$110\%U_n < U < 135\%U_n$	最大分闸时间不超过 2.0s
$135\%U_n \leqslant U$	最大分闸时间不超过 0.2s

注　1. U_n 为分布式电源并网点的电网额定电压。
　　2. 最大分闸时间是指异常状态发生到电源停止向电网送电时间。

b. 通过 380V 电压等级并网，当并网点频率超过 49.5～50.2Hz 运行范围时，应在 0.2s 内停止向电网送电。

3）防孤岛保护检查。

a. 分布式电源应具备快速监测孤岛且立即断开与电网连接的能力，防孤岛保护动作时间不大于 2s，其防孤岛保护应与配电网侧线路重合闸和安全自动装置动作时间相配合。

b. 通过 380V 电压等级并网的分布式电源接入容量超过本台区配电变压器额定容量 25%时，配电变压器低压侧应配备低压总开关，并在配电变压器低压母线处装设反孤岛装置；低压总开关应与反孤岛装置间具备操作闭锁功能，母线间有联络时，联络开关也应与反孤岛装置间具备操作闭锁功能。

c. 通过 380V 电压等级并网的分布式电源，可采用无线公网通信方式（光纤到户的可采用光纤通信方式），但应采取信息通信安全防护措施。

4）并网检测与验收。

a. 检测与验收一般要求。通过 380V 电压等级并网的分布式电源，应在并网前向电网企业提供由具备相应资质的单位或部门出具的设备检测报告，检测结果应符合《分布式电源接入电网技术规定》（Q/GDW 1480）的相关要求。

b. 检测与验收的主要内容。检测应按照国家或有关行业对分布式电源并网运行制定的相关标准或规定进行，应包括但不仅限于以下内容：① 功率控制和电压调节；② 电能质量；③ 运行适应性；④ 安全与保护功能；⑤ 启停对电网的影响。

5）防雷与接地检查。分布式电源的防雷和接地应符合《系统接地的型式及安全技术要求》（GB 14050）等相关要求。

6）安全标识检查。

a. 对于通过 380V 电压等级并网的分布式电源，连接电源和电网的专用低压开关柜应有醒目标识。

b. 标识应标明"警告""双电源"等提示性文字和符号。标识的形状、颜色、尺寸和高度参照《安全标志及其使用导则》（GB 2894）执行。

2.2.3 架空配电线路及设备缺陷管理

1. 工作要求

（1）设备缺陷按照对电网运行的影响程度，分为危急、严重和一般三类：

1）危急缺陷是指电网设备在运行中发生了偏离且超过运行标准允许范围的误差，直接威胁安全运行并须立即处理的缺陷，否则，随时可能造成设备损坏、人身伤亡、大面积停电、火灾等事故。

2）严重缺陷是指电网设备在运行中发生了偏离且超过运行标准允许范围的误差，对人身或设备有重要威胁，暂时尚能坚持运行，不及时处理有可能造成事故的缺陷。

3）一般缺陷是指电网设备在运行中发生了偏离运行标准的误差，尚未超过允许范围，在一定期限内对安全运行影响不大的缺陷。

（2）运检班组职责：

1）执行上级部门颁布的设备缺陷管理相关制度标准及其他规范性文件。

2）认真开展设备巡检、例行试验和诊断性试验，准确掌握设备的运行状况和健康水平，及时发现设备缺陷。

3）及时、准确、完整地将设备缺陷信息录入生产管理信息系统，按规定时间完成流程的闭环管理。

4）根据制订的消缺计划及时开展设备检修，消除设备缺陷；对临时性缺陷，具备处理条件的应及时进行消缺处理，不具备处理条件的应按照缺陷流程进行管理；对于消除的缺陷进行验收。

5）进行缺陷的分析、收集、整理并上报。

6）对疑似家族缺陷信息进行收集、初步分析及上报，落实家族缺陷排查治理工作。

2. 缺陷建档及上报

（1）发现缺陷后，运检班组负责及时参照缺陷定性标准进行定性和状态评价，及时将缺陷信息按要求录入生产管理信息系统，启动缺陷管理流程。监控班组发现的缺陷应告知运检班组，按缺陷处理流程执行。

（2）缺陷登记时限：缺陷发现后 72h 内必须录入到生产管理信息系统中。

（3）缺陷定性及缺陷描述：在生产管理信息系统中登记设备缺陷时，应严格按照国家电网有限公司缺陷标准库和现场设备缺陷实际情况对缺陷主设备、设备部件、部件种类、缺陷部位、缺陷描述以及缺陷分类依据进行选择，缺陷性质自动按照国家电网有限公司缺陷标准库生成。对于国家电网有限公司缺陷标准库未包含的缺陷，应根据实际情况进行定性，并将缺陷内容记录清楚。

（4）发现危急缺陷后，运检班组人员应立即汇报班组长，各级运检部、检修公司专责及时履行缺陷审核和批准流程，对缺陷描述和定性进行确认后立即通知所辖当值调度，并将检修处理意见报所辖当值调度，按所辖当值调度的指令采取应急处理措施，在应急处理后及时将缺陷信息按要求录入生产管理信息系统。

（5）各类缺陷除应记录在生产管理信息系统外，还应及时向上级汇报。

3. 缺陷处理

（1）综合设备相关信息，进行全面状态评价，根据缺陷定性及处理时限要求，开展设备检修决策，及时安排缺陷处理等工作，确保设备缺陷按期处理。

（2）设备缺陷的处理时限。危急缺陷处理时限不超过 24h；严重缺陷处理时限不超过一个月；需停电处理的一般缺陷处理时限不超过一个例行试验检修周期，可不停电处理的一般缺陷处理时限原则上不超过三个月。

（3）发现危急缺陷后，应按流程立即通知所辖当值调度采取应急处理措施，相关部门和单位应在24h内完成消缺或采取限制其继续发展的临时措施。

（4）缺陷未消除前，根据缺陷情况，相关部门和单位组织进行综合分析判断后，应制订必要的预控措施和应急预案。

（5）新建投产一年内发生的缺陷处理，由运检部门会同建设单位（或部门）进行消缺。若建设单位（或部门）难以组织在规定时限内完成缺陷处理，也应确定消缺方案，明确消缺时限，报本单位主管领导审核批准；若在本单位内部不能解决时，应报上一级主管部门审核批准。

4. 消缺验收

缺陷处理后，启动验收流程，验收合格后，运检班组将处理情况和验收意见录入到生产管理信息系统，并开展设备状态评价，修订设备检修决策，完成缺陷处理流程的闭环管理。

5. 故障处理的安全注意事项

（1）线路上的熔断器熔断或柱上断路器跳闸后，不得盲目试送，应详细检查线路和有关设备（装有故障指示器的线路，应先查看故障指示器，以快速确定方向），确无问题后方可恢复送电。

（2）已发现的短路故障修复后，应检查故障点前后的连接点（跳档、搭头线），确无问题方可恢复供电。

（3）中性点小电流接地系统发生永久性接地故障时，应先确认故障线路，然后可用柱上开关或其他设备（负荷开关、跌落熔断器需校验开断接地电流能力，否则应停电操作）分段选出故障段。

（4）变压器一次熔丝熔断时，应详细检查一次侧设备及变压器，无问题后方可送电；一次熔丝两相熔断时，除应详细检查一次侧设备及变压器外，还应检查低压出线以下设备的情况，确认无故障后才能送电。

（5）变压器、带油断路器等发生冒油、冒烟或外壳过热现象时，应断开电源，待冷却后处理。

（6）配电变压器的上一级开关跳闸，应对配电变压器做外部检查和内部测试后才可恢复供电。

（7）电气设备发生火灾时，运行人员应首先设法切断电源，然后再进行灭火。

模块小结

通过本模块学习，重点掌握柱上断路器、柱上负荷开关、柱上电容器、馈线终端、低压配电箱、低压开关箱及其组件等巡视与检查要项及易疏忽点，并能够对微电网与分布式电源装置有初步了解和区分。

思考与练习

1. 以柱上开关设备的巡视与检查为例，简述柱上开关为何易出现这些常见问题？

2. 低压配电箱的基本结构一般由哪几部分组成？

3. 低压开关箱有何作用？

2.3 架空配电线路检修

模块说明

本模块介绍拉线种类、危险点分析与控制措施、拉线的制作及安装、验收质量要求、注意事项，配电线路终端杆耐张绝缘子串更换等，通过要点介绍，掌握拉线制作的基本方法，掌握耐张绝缘子串及高低压引线更换的基本方法。

正　文

2.3.1　配电线路成套拉线制作

1. 拉线

拉线的作用是利用自身产生的力矩平衡杆塔承受的不平衡力矩，增加杆塔的稳定性。凡承受固定性不平衡荷载比较显著的电杆，如终端杆、转角杆、跨越杆等，均应装设拉线。为了避免线路受强大风力荷载的破坏，或在土质松软的地区为了增加电杆的稳定性，也应装设拉线。在施工过程中，如立杆、紧线，为保持杆塔稳定及横担单侧受力时不变形，也要用到（临时）拉线。根据拉线作用的不同，在架空线路杆塔上常用的拉线有以下几种：

（1）普通拉线。普通拉线用于耐张杆、转角杆、终端杆及分支杆等处，其作用为平衡导线、地线张力。这种拉线一般受力较大，其对杆塔垂直轴线夹角一般规定为 45°。

（2）人字拉线（也称防风拉线）。人字拉线装在电杆垂直线路方向的两侧，一般用于直线杆来平衡风荷载。在开阔地区的 10～35kV 自立式电杆线路中，一般每隔 7～10 基安装一基有人字拉线的杆塔，其作用是将意外大风可能造成的电杆倾斜甚至倒杆控制在一定范围内。这种拉线受力较小，其对杆塔垂直轴线的夹角一般规定为 30°。

（3）V 型拉线。V 型拉线主要用于电杆较高、横担较多、架设多条导线而受力不均匀的电杆，在其张力合成点上下两处安装。π 型电杆在张力合成点附近安装，由于其两杆间距有限，则 V 型拉线的两根拉线共一块拉盘，拉线对其电杆垂直轴线夹角一般较大，受力也较大，且对电杆也产生较大的下压力。

（4）X 型拉线。X 型拉线常用于 π 型电杆和 A 型电杆中，其作用除平衡直线电杆的倾覆力外，还用于平衡风荷载。拉线受力较 V 型拉线小，但稳固作用高于 V 型拉线，其对杆塔垂直轴线的夹角一般规定为 30°～45°。

拉线由上把、下把和中间部分组成，如图 2-11 所示。拉线一般用镀锌钢绞线及标准拉线金具制作（也有用镀锌铁线绞合制作）。拉线的上把一般用楔型线夹（也可用液压、爆压线夹）制作，其下把一般用可调 UT 型线夹（也可用花篮螺栓）制作。根据电杆受力情况，制作拉线的镀锌钢绞线型号分别采用 CJ-35、CJ-50、

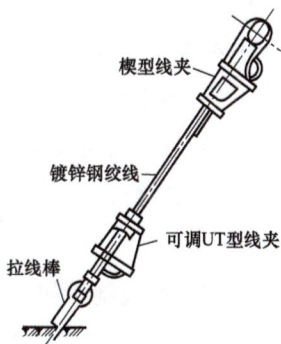

图 2-11 拉线的连接

CJ-70、CJ-100，配以相应的楔型线夹（上把）NX-1、NX-2、NX-3，UT 型线夹（下把）NUT-1、NUT-2、NUT-3。当受力很大时，则采用双拉线，配以相应的双拉线联板。在 10kV 配电线路上，有时拉线安装于导线上方，为防止意外，在拉线下部人员可能触及的位置以上（距地面 2.5m 以上）须安装拉线绝缘子。

拉线的制作和装设应符合工艺和设计图纸要求，且均应符合《电气装置安

装工程 66kV 及以下架空电力线路施工及验收规范》(GB 50173—2014)中有关拉线的规定。水泥杆的拉线一般不装设拉线绝缘子,如拉线从导线之间穿过,应设拉线绝缘子。拉线不得有锈蚀、松动现象,其连接金具及调整金具不应有变形、裂纹或缺少螺栓和锈蚀现象。

2. 危险点分析与控制措施

(1)登杆和杆上作业。

1)为防止误登杆塔,登杆塔前,作业人员应在核对停电线路的双重编号后,方可工作。

2)登杆塔前要对杆塔检查,包括杆塔是否有裂纹、杆塔埋设深度是否达到要求、拉线是否紧固、基础是否坚实,同时要对登高工具检查,看其是否在试验期限内,登杆前要对脚扣和安全带做冲击试验。

3)为防止高空坠落物体打击,作业现场人员必须戴好安全帽,严禁在作业点正下方逗留。

4)为防止作业人员高空坠落,杆塔上工作的作业人员必须正确使用安全带、保险绳两道保护。离开地面 2m 及以上即为高空作业,攀登杆塔时应检查脚钉或爬梯是否牢固可靠;在杆塔上作业时安全带应系在牢固的构件上,高空作业中不得失去双重保护,转向移位时不得失去一重保护。

5)高空作业时不得失去监护。

6)杆上人员要用传递绳索将工具材料传递,严禁抛扔。

7)传递绳索与横担之间的绳结应系好以防脱落,金具可以放在工具袋内传递。

(2)拉线制作和安装。

1)弯曲钢绞线时应抓牢,防止钢绞线反弹伤人。

2)使用木槌时要防止从手中脱落伤人。

3. 拉线的制作及安装

(1)作业前准备。

1)工器具和材料准备。

拉线制作和安装所需工器具如表 2-3 所示。拉线制作和安装所需要材料如表 2-4 所示。

表2-3　拉线制作和安装所需工器具

序号	名称	规格	单位	数量	备注
1	个人用具		套	1	登高、安全防护、常规工具等
2	木槌		把	1	
3	断线钳		把	1	
4	紧线器	根据钢绞线规格选择	个	1	
5	钢丝绳套	与紧线器配合	个	1	
6	传递滑车	1t	个	1	
7	传递绳	与传递滑车配合	个	1	
8	绳套	与传递滑车配合	个	1	
9	防锈漆		筒	1	
10	拉线护套		只	1	

表2-4　拉线制作和安装所需要材料

序号	名称	规格	单位	数量	备注
1	楔型线夹		个	1	
2	UT型线夹		个	1	
3	U型环（或延长环）		条	1	
4	钢绞线		m	若干	
5	铁丝		m	若干	
6	拉线绝缘子		个	1	
7	拉线抱箍和螺栓		套	1	
8	扎丝		m	若干	

2）作业条件。拉线的制作和安装是室外作业项目，要求天气良好，无雨，风力不超过 6 级，作业程序是在地面制作拉线上把，安装拉线上把，制作和安装拉线下把。

（2）操作步骤及质量标准。

1）基本规定。拉线应采用镀锌钢绞线，拉线规格通常由设计计算确定。镀锌钢绞线的最小截面应不小于 $25mm^2$，强度安全系数应不小于 2。拉线应根据电杆的受力情况装设。正常情况下，拉线与电杆的夹角宜采用 45°，如受地形限制，可适当减少，但不应小于 30°。拉线装设方向一般在 30° 及以内的转角杆设合力拉线，拉线应设在线路外角的平分线上；30° 以上的转角杆拉线应按线路导线方向分别设置，每条拉线应向外角的分角线方向移 0.5～1.0m；终端杆的拉线应设在线路中心线的延长线上；防风拉线应与线路方向垂直。拉线坑深度按受力大小及地质情况确定，一般为 1.2～2.2m 深，拉线棒露出地面长度为 500～700mm。拉线棒最小直径应不小于 16mm。拉线棒通常采取热镀锌防腐，严重腐蚀地区，拉线棒直径应适当加大 2～4mm 或采取其他有效的防腐措施。

2）拉线制作和安装的工作流程。拉线制作和安装的工作流程如图 2－12 所示。

3）操作步骤和质量标准。

a. 拉线上把的制作。拉线的制作流程分解图如图 2－13 所示。

（a）裁线。由于镀锌钢绞线的刚性较大，为避免散股，在制作拉线下料前应用细扎丝在拉线计算长度处进行绑扎，如图 2－13（a）所示，然后用断线钳将其断开。

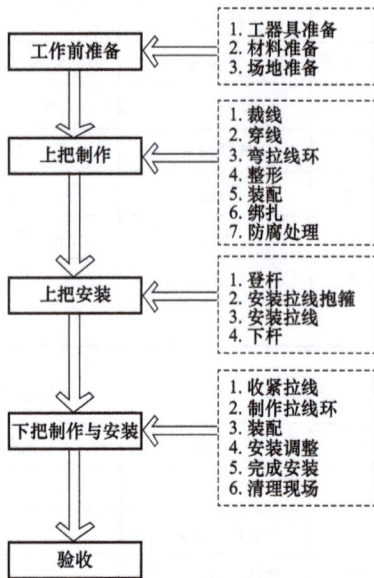

图 2－12　拉线制作和安装的工作流程

（b）穿线。取出楔型线夹的舌板，将钢绞线穿入楔型线夹，并根据舌板的大小在距离钢绞线端头 300mm 加上舌板长度处做弯线记号，应注意主线在线夹平面侧，尾线在凸肚侧，如图 2－13（b）所示。

（c）弯拉线环。用双手将钢绞线在记号处弯一小环，用脚踩住主线，一手拉住线头，另一手握住并控制弯曲部位，协调用力将钢绞线弯曲成环，如图 2－13（c）所示；为保证拉线环的平整，应将端线如图 2－13（d）所示换边弯曲。

（d）整形。为防止钢绞线出现急弯，将做好的拉线环如图 2－13（e）所示的方式，分别用膝盖抵住钢绞线主线、尾线进行整形，使其呈如图 2－13（f）所示的开口销状，以保证钢绞线与舌板间结合紧密。

（e）装配。拉线环制作完成后，将拉线的回头尾线端从楔型线夹凸肚侧穿出，放入舌板并适度地用木槌敲击，使其与拉线及线夹间的配合紧密，如图 2－13（g）所示。

（f）绑扎。在尾线回头端距端头 30～50mm 的地方，用 12 号或 10 号镀锌铁丝缠绕 100mm 对拉线进行绑扎，如图 2－13（h）所示，使拉线的回头尾线与主线间的连接牢固，也可以使用 U 型夹头来固定尾线如图 2－13（i）。

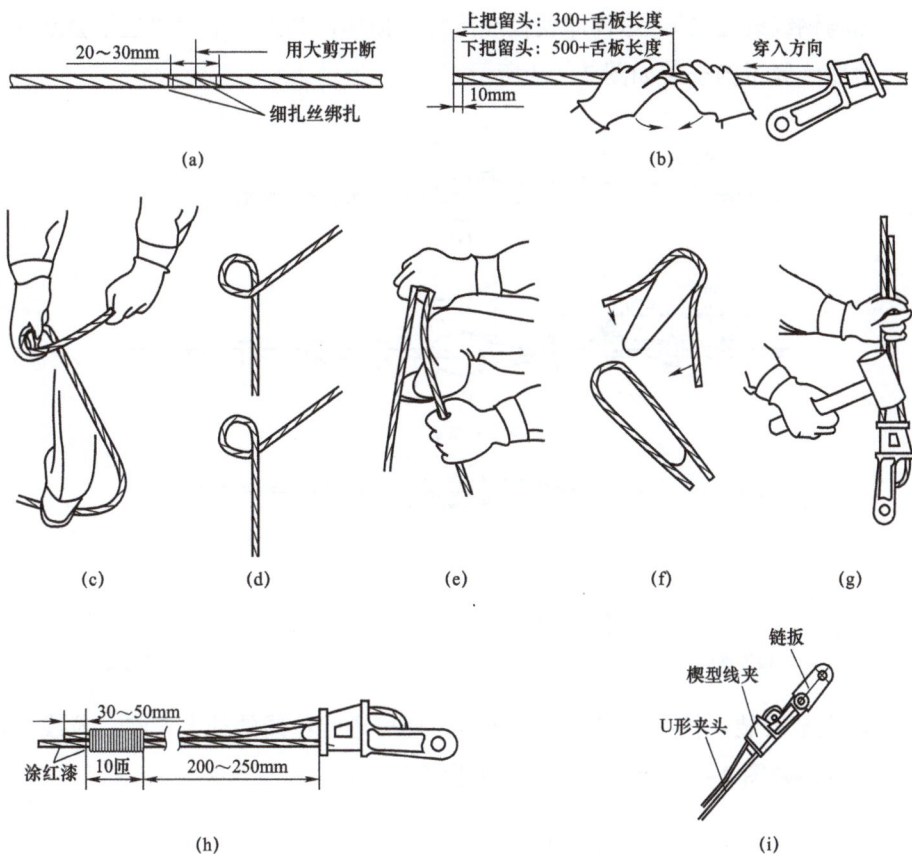

图 2-13 拉线的制作流程分解图

(a) 裁线；(b) 穿线；(c) 弯拉线环；(d) 拉线环；(e) 调整拉线环；(f) 拉线环与舌板的配合；
(g) 装配楔型线夹；(h) 楔型线夹安装绑扎尺寸；(i) 用 U 型夹头来固定尾线

（g）防腐处理。按拉线安装施工的规定要求，完成制作后应在扎线及钢绞线的端头涂上红漆，以提高拉线的防腐能力。

一般情况下拉线可以不装拉线绝缘子，但当 10kV 线路的拉线从导线之间穿过或跨越导线时，按规定要装设拉紧绝缘子；0.4kV 线路拉线一律要装设拉紧绝缘子，且要求在断拉线情况下拉紧绝缘子距地面不应小于 2.5m。拉线绝缘子分为悬式绝缘子和圆柱形拉线绝缘子，这两种拉线绝缘子的安装方法不同，前者可以用楔型线夹连接，连接的方法和工艺标准与上把一致，后者的连接按规定将上、下拉线交叉套在拉线绝缘子上，用（12 号或 10 号）镀锌铁丝绑扎（长度不少于 100mm）或 U 型夹头将尾线锁紧（也可以用两根预绞丝交叉穿过拉线绝缘子后与钢绞线连接），这样即使拉线绝缘子损坏，其上、下拉线也不会断开脱落，拉线绝缘子的安装如图 2-14 所示。

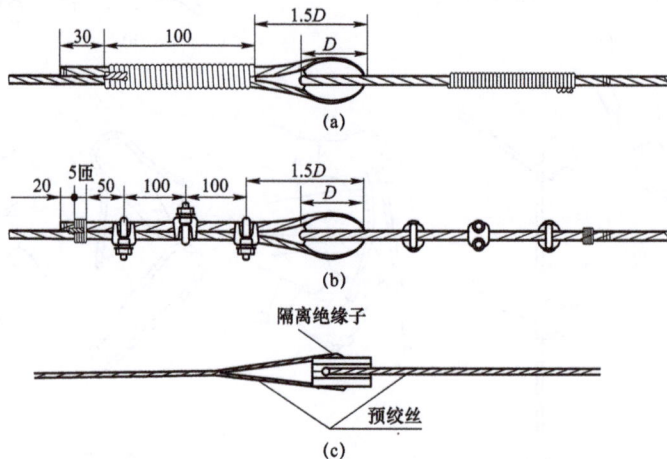

图 2-14 拉线绝缘子的安装
（a）镀锌铁丝绑扎方式安装；（b）钢线卡固定方式安装；（c）预绞丝固定方式安装

b. 上把安装。拉线上把制作完成后，便可进行拉线的杆上安装。拉线上把安装示意图如图 2-15 所示，具体安装步骤如下：

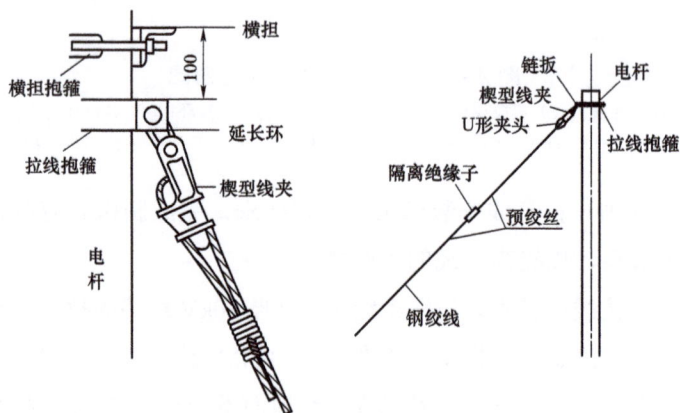

图 2-15 拉线上把安装示意图

（a）登杆。按上杆作业的要求完成电杆、登杆工具等必需的检查工作。取得现场施工负责人的允许后带上必备操作工具上杆，并在指定位置站好位、系好安全带。绑好传递滑车和传递绳。

（b）安装拉线抱箍。将拉线抱箍连接延长环传递到杆上并固定安装在距电杆合适位置（一般为横担下方 100mm 处），并根据拉线装设的要求，调整好拉线抱箍方向。

（c）安装拉线。连接楔型线夹与延长环，穿入螺栓，插入销钉，这个过程需要保证楔型线夹凸肚的方向（朝向地面或保证拉线上所有线夹的凸肚侧朝一个方向），螺栓穿向应符合施工验收规范要求（面向电源侧由左向右穿）。

（d）下杆。拉线安装完成后，作业人员清理杆上工具下杆，结束拉线上把的安装作业。

c. 下把制作与安装。拉线下把的安装主要是 UT 型线夹的制作与安装，如图 2－16 所示，UT 型线夹的安装与制作均在地面上同时进行。具体安装作业流程如下：

（a）收紧拉线。如图 2－16（a）所示，用卡线器在适当的高度将钢绞线卡住，另一端与套在拉线棒环下方的钢丝绳套相连接，调整紧线器，将拉线收紧到设计要求的角度（设计对部分转角杆有预偏角度的要求）。如果拉线环境条件需要安装警示杆的情况下，应在卡线前在拉线上穿入警示杆。

（b）制作拉线环。拆下 UT 型线夹的 U 型螺栓，取出舌板，将 U 型螺栓从拉棒环穿入，抬起 U 型螺栓，再用手拉紧拉线尾线，对比 U 型螺栓从螺栓端头向下量取 200mm 的距离（通常为丝杆的长度），如图 2－16（b）所示，然后按上把制作流程的（c）～（d）过程制作好拉线环。

（c）装配。将拉线从 UT 型线夹穿出（线回头尾线端从 UT 型线夹凸肚侧穿出）并应保证主线在线夹平面侧，装上舌板，用木槌敲击使拉线环与舌板能紧密配合。

（d）安装调整。将 U 型螺栓丝杆涂上润滑剂，重新套进拉棒环后穿入 UT 型线夹，使 UT 型线夹凸肚方向与楔型线夹方向一致，装上垫片、螺母，并调节螺母使拉线受力后撤出紧线器。拉线调好后，U 型螺栓上应将两个螺母拧紧（最好采用防盗螺母），螺母拧紧后螺杆应露扣，并保证有不小于 1/2 丝杆的长度以供调节，其舌板应在 U 型螺栓的中心轴线位置。

（e）完成安装。在 UT 型线夹出口量取拉线露出长度（不超过 500mm），将多余部分剪去；而后在尾线距端头 150mm 的地方，用镀锌铁丝由下向上缠绕 50～80mm 长度，使拉线的回头尾线与主线间的连接牢固，并将扎线尾线拧麻花 2～

3 圈；而后按规定在扎线及钢绞线端头涂上红油漆，以提高拉线的防腐能力。

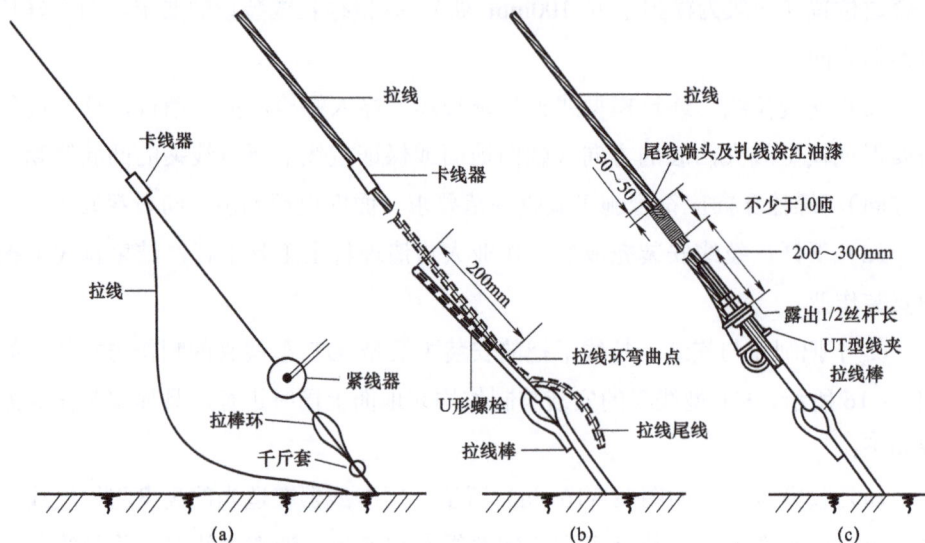

图 2-16 UT 型线夹的制作安装图

（a）收紧拉线示意图；（b）量拉线环尺寸；（c）UT 型线夹的安装尺

4. 验收质量要求

当采用 UT 型线夹及楔型线夹固定安装拉线时的基本要求如下：

（1）安装前丝扣上应涂润滑剂。

（2）线夹舌板与拉线接触应紧密，受力后无滑动现象，线夹凸肚应在尾线侧，安装时不应损伤线股。

（3）拉线弯曲部分不应明显松脱，拉线断头处与拉线应有可靠固定。拉线处露出的尾线长度以 400mm 为宜（上把：300～400mm，下把：300～500mm）；尾线回头后与本线应扎牢，并在扎线及尾线端头上涂红油漆进行防腐处理。

（4）上、下楔型线夹及 UT 型线夹的凸肚和尾线方向应一致，同一组拉线使用双线夹并采用连板时，其尾线端的方向应统一。

（5）UT 型线夹或花篮螺栓的螺杆应露扣，并应有不小于 1/2 螺杆丝扣长度可供调紧，调整后，UT 型线夹的双螺母应并紧，U 形螺栓应封固。

（6）水平拉线的拉桩杆的埋设深度不应小于杆长的 1/6，拉线距路面中心的垂直距离不应小于 6m，拉桩坠线与拉桩杆夹角不应小于 30°，拉桩杆应向张力反方向倾斜 10°～20°，坠线上端距杆顶应为 250mm；水平拉线对通车路面边缘的垂直距离不应小于 5m。

（7）当拉线位于交通要道或人易接触的地方，须加装警示套管保护。套管上端垂直距地面不应小于 1.8m，并应涂有明显红、白相间油漆的标志。

5. 注意事项

（1）安装拉线时，其金具、钢绞线的选择应与线路导线型号相匹配。

（2）拉线尾线穿入方向不得出现错误。

（3）钢绞线在弯制过程中，不得出现散股。

（4）U 形夹头的 U 形面不得固定在主线上，应压在尾线上。

2.3.2 配电线路终端杆耐张绝缘子串更换

1. 危险点分析与控制措施

（1）登杆和杆上作业。

1）为防止误登杆塔，登杆塔前，作业人员应在核对停电线路的双重编号后，方可工作。

2）登杆塔前要对杆塔检查，包括杆塔是否有裂纹、杆塔埋设深度是否达到要求、拉线是否紧固、基础是否坚实，同时要对登高工具检查，看其是否在试验期限内，登杆前要对脚扣和安全带做冲击试验。

3）为防止高空坠落物体打击，作业现场人员必须戴好安全帽，严禁在作业点正下方逗留。

4）为防止作业人员高空坠落，杆塔上工作的作业人员必须正确使用安全带、保险绳两道保护。离开地面 2m 及以上即为高空作业，攀登杆塔时应检查脚钉或爬梯是否牢固可靠；在杆塔上作业时安全带应系在牢固的构件上，高空作业中不得失去双重保护，转向移位时不得失去一重保护。

5）高空作业时不得失去监护。

6）杆上人员要用传递绳索将工具材料传递，严禁抛扔。

7）传递绳索与横担之间的绳结应系好以防脱落，金具可以放在工具袋内传递。

（2）绝缘子的安装。

1）绝缘子安装前要进行外观检查。

2）绝缘子摇测绝缘前，要对绝缘电阻表进行开路和短路自检，检测绝缘时，转速符合规定，注意人身和表计安全。

2. 作业前准备

（1）工器具和材料准备。

耐张杆绝缘子安装所需工器具如表 2-5 所示。耐张杆绝缘子安装所需材料如表 2-6 所示。

表 2-5　　　　　　　　耐张杆绝缘子安装所需工器具

序号	名称	规格	单位	数量	备注
1	个人用具		套	1	登高、安全防护、常规工具等
2	工具袋		只	1	
3	传递滑车	1t	个	1	
4	绳套	与传递滑车配合	个	1	
5	绝缘电阻表	2500V	只	1	
6	抹布		块	1	

表 2-6　　　　　　　　耐张杆绝缘子安装所需材料

序号	名称	规格	单位	数量	备注
1	耐张棒形绝缘子		只	若干	根据装置要求决定
2	悬式绝缘子		只	若干	用于较大跨越地形
3	紧固金具		只	若干	用于紧固导线的耐张线夹
4	U 形环	4t	只	若干	用于绝缘子和横担连接
5	铝包带	1×10	kg	若干	
6	扎线		圈	若干	

（2）作业条件。耐张杆绝缘子安装是室外作业项目，要求天气良好，无雨，风力不超过 6 级。

3. 耐张绝缘子串更换操作步骤

（1）基本规定。安装耐张杆绝缘子，是在电杆、横担等已经完成的基础上再进行的一项工作，是为导线的架设和紧固做准备。因此在安装时应该掌握耐张绝缘子串的组装要求，了解该绝缘子的性能特点；正确使用与之相匹配的金具材料。

（2）安装耐张杆绝缘子的工作流程。安装耐张杆绝缘子的工作流程如图 2-17 所示。

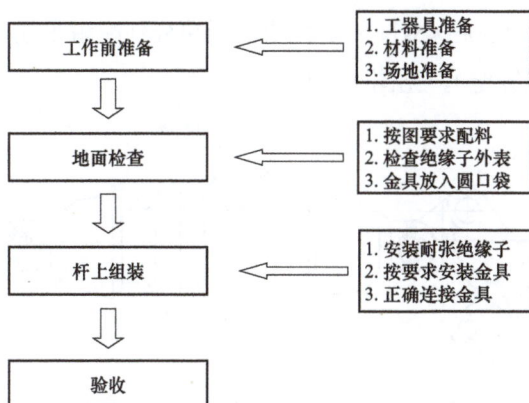

图 2-17　安装耐张杆绝缘子的工作流程图

（3）操作步骤和质量标准。

1）地面检查。根据施工图纸和耐张绝缘子串的组装要求准备相应材料，并考虑耐张绝缘子、连接金具、紧固金具与导线最大使用张力之间的相互匹配性，检查所有材料应符合质量要求、数量要求。

a. 在低压线路上一般使用蝶式绝缘子，当导线为 35mm² 及以下时，选用 ED-3 蝶式绝缘子；而当导线为 50mm² 及以上时，则选用 ED-2 蝶式绝缘子；绝缘子是通过两块带有弧形的金属链板与横担连接，弧形金属链板两端分别用螺栓与蝶式绝缘子和铁横担固定。

b. 在中、高压配电线路上一般使用瓷质悬式（球形）绝缘子，根据导线规格型号选用合适的紧固金具（即耐张线夹）；再配碗头挂板、球头挂环和直角挂板等，耐张绝缘子（球形）安装方式见图 2-18，还有两种绝缘子可供选择：

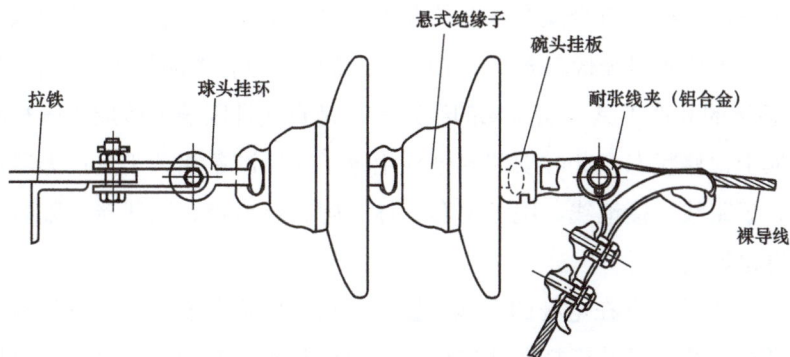

图 2-18　耐张绝缘子（球形）安装方式

（a）选择受张力 30～45kN 的瓷拉棒，两端分别配耐张线夹（与导线固定）和 U 形环（与横担固定），见图 2-19。

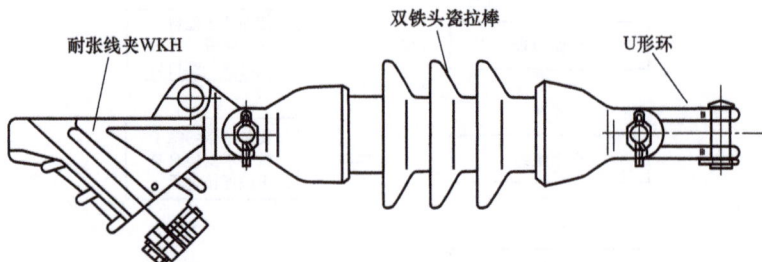

图 2-19　耐张绝缘子（棒形）安装方式

（b）选择硅橡胶合成悬式绝缘子，可以承受张力 70～100kN 的张力；其金具匹配与瓷质悬式（球形）绝缘子相同，见图 2-20。

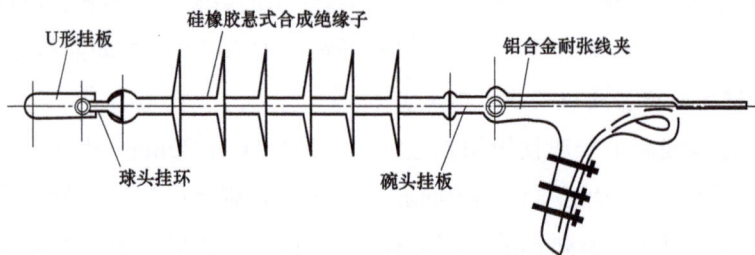

图 2-20　硅橡胶合成绝缘子（悬式）安装方式

2）杆上组装。

a. 登高工具及个人工具。将登高使用的工具如脚扣或踩板、安全帽、安全带、保险钩、吊绳（材料传递绳子）和个人工具如扳手、电工钳、螺丝刀等应用之物带齐，并检查符合安全作业的要求；这些工具是安装耐张杆绝缘子的必备工具，当电杆在潮湿状态需要施工时，还需带上登杆的防滑工具或材料。

b. 备选的其他工具。当原来的线路电杆是直线杆因需要改成耐张杆时，线路应该处于检修状态，此时安装耐张杆绝缘子还需准备相关工具；如验电器、绝缘杆、短路线、接地线、绝缘手套、标志牌、红白带、紧线器、临时板线、锚桩、滑轮等工具。

c. 安装人员站立在电杆的合适位置，用吊绳将需要安装的金具材料和绝缘子分别进行安装，绳结应打在铁件杆上。当提升较重的绝缘子串时，可以在横担端部安放一个滑轮，用于提升重物。

d. 合成绝缘子安装时要小心轻放，绳结应打在端部铁件上，提升时不得将合成绝缘子撞击电杆和横担等其他部位。严禁导线、金属物品等在合成绝缘子上摩擦滑行，严禁在合成绝缘子上爬行脚踩，严禁在合成绝缘子受力的状态下旋转。

e. 瓷质悬式绝缘子（球形）在安装过程中，首先安装与横担连接的 U 形挂板，其次安装球头链板，将瓷质悬式绝缘子和球头链板连接起来，用 W 形销子固定，将耐张线夹和瓷质悬式绝缘子用碗头挂板连接起来，分别用销钉和 W 形销子固定；在安装 W 形销子时，应由下向上推入绝缘子铁件的碗口，这是因为一旦 W 形销子年久损坏脱落后，地面人员可以比较容易去发现其缺陷。当一耐张绝缘子串安装完毕后，其他同类绝缘子的安装方法类同。

f. 在安装耐张棒形绝缘子时，无须用绝缘电阻表进行摇测，但在连接耐张线夹和 U 形环时，在销钉端部应加上 R 形销子，见图 2-21。

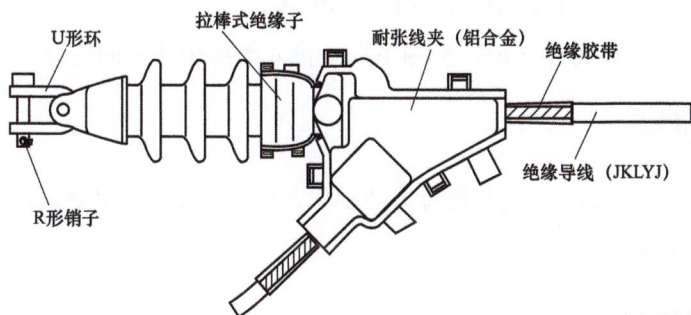

图 2-21　R 形销子安装方式

g. 在耐张绝缘子安装完毕后，应用干净的抹布将安装过程中沾上瓷质绝缘子表面的脏污抹去，但对于合成绝缘子不可以用布抹，所以安装要小心，一般安装时不拆除外层包装，待导线紧固完毕后再拆除外层包装，见图 2-22。

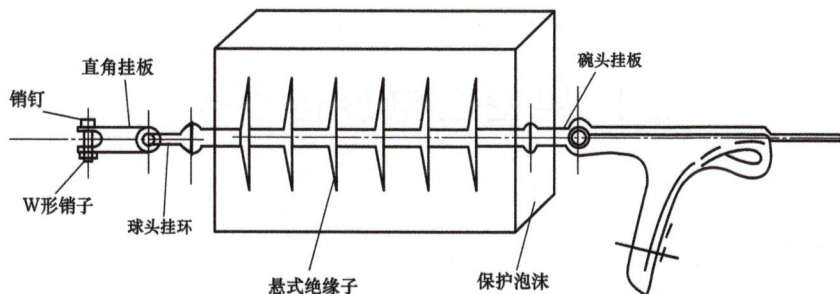

图 2-22　带有外层包装的合成绝缘子（悬式）安装方式

4. 验收质量要求

（1）各类用于耐张杆绝缘子（简称耐张绝缘子）出厂必须验收合格，产品应有合格的包装和标志。合成绝缘子的运输和搬运必须要在包装完好的条件下进行，搬运时要小心轻放。

（2）耐张绝缘子安装完毕后，必须符合组装要求，绝缘子无受损、裂纹、卡阻现象，螺栓、销钉穿入方向正确，开口销在正常位置，钢件无裂纹，防腐层良好，胶装部分无松动现象，当绝缘子有正反朝向时，其绝缘子的盆径口应对准导线方向。

（3）瓷质悬式盆形绝缘子安装前应用 2500V 绝缘电阻表进行摇测，绝缘电阻应大于 500MΩ；棒形绝缘子不需这一步骤。

5. 注意事项

（1）绝缘子有正反朝向时，其绝缘子的盆径口应对准导线方向。

（2）合成绝缘子在受力的状态下严禁旋转。

（3）在安装 W 形销子时，应由下向上推入绝缘子铁件的碗口。

模块小结

通过本模块学习，重点掌握拉线的制作及安装、验收质量要求，配电架空线路的安装及更换等。

思考与练习

1. 拉线的种类有哪些？

2. 拉线制作的基本步骤有哪些？

3. 杆上作业登杆前必须做哪些检查？

4. 耐张绝缘子安装的基本要求有哪些？

》 2.4 架空配电设备检修 《

模块说明

模块介绍配电变压器故障的主要原因、停电检修的种类、状态检修等，以及配电柱上变压器及高低压引线更换，通过要点介绍，掌握配电变压器检修的基本方法，掌握柱上变压器及高低压引线更换的基本流程与注意事项。

2.4.1　配电变压器检修

1. 配电变压器故障的主要原因

（1）配电变压器一、二次侧熔体容量选用过大。如选择不恰当的熔体容量或用其他金属导体替代熔体。

（2）三相负荷严重不平衡。

1）由于人为或其他原因，造成某一相负荷长期过大。

2）为了节省材料，架设单相线路供电，造成负荷偏相后无法调整。

（3）配电变压器长期超负荷运行。由于新增负荷发展较快，配电变压器预留容量不足，造成其长期过负荷运行。

2. 配电变压器的停电检修

如变压器有下列情况之一者，应立即停电检修：

（1）变压器内部声响很大，很不均匀，有爆裂声、噼啪声等发生。

（2）在正常冷却条件下，变压器温度不正常，并不断上升，或温度过高。

（3）风机出现异常现象。

（4）绝缘子有严重破损和放电痕迹。

（5）线圈端部有爬电现象。

（6）非正常停机跳闸。

（7）变压器发出焦臭异味或者有烟雾产生。

以上情况必须查明原因并处理完全后，方可重新投运。

3. 配电变压器的状态检修

（1）呼吸器异常检修。如果配电变压器所处的环境潮湿，随着配电变压器的不断"呼吸"，储油柜内的空气就会被吸进或排出。配电变压器经过长期运行"呼吸"，空气中的水蒸气就会滞留在油内，造成配电变压器高、低压绕组绝缘下降而击穿或匝间短路，最终导致配电变压器绕组烧毁。

（2）温升异常检修。

1）柱上配电变压器。

a. 检测工况。10kV 配电变压器红外热成像检测报告见表 2－7。

表 2－7　　　　　　　10kV 配电变压器红外热成像检测报告

设备位置	××线	铭牌编号	××	设备名称	10kV 配电变压器
测试仪器	300	仪器编号	001	图像编号	IR 20171228074
环境温度	25.0℃	相对湿度	70%	风速	0.4m/s
辐射率	0.95	测试距离	3m	天气	阴
负荷电流		额定电流		检测时间	

b. 图像分析。10kV 配电变压器红外热成像见图 2－23。10kV 配电变压器红外热成像信息见表 2－8。

图 2－23　10kV 配电变压器红外热成像

表 2－8　　　　　　　10kV 配电变压器红外热成像信息

图像信息	数值
最低温度数据	－20.0℃
辐射率	1
最高温度数据	198.1℃
文件名	
拍摄时间	

c. 诊断分析和缺陷性质。

（a）10kV 配电变压器高压套管发热，温度为 198.1℃，是由于接触不良、氧化腐蚀、松动等造成。

（b）根据《带电设备红外诊断应用规范》（DL/T 664），电流制热型设备缺陷诊断判据判断为危急缺陷。

d. 处理意见。

（a）应立即安排设备消缺处理，或设备带负荷限值运行。

（b）缺陷处理后应进行复测，检查处理效果。

2）干式变压器。按绝缘材料的温度等级，F 级、H 级的绕组温升限值规定如下：在正常使用条件下运行中变压器的线圈温升不应超过表 2－9 中的限值（电阻法）。由于干式变压器温控仪的热电阻是插入气道上部的保护管中的，因此所示温度是气道的温度。一般，气道温度小于线圈实际温度 20 ℃左右，配电运检人员应根据具体的环境条件及运行规范，对报警、跳闸选取适当的整定值，见表 2－10。

表 2－9　　　　　　　　　　变压器的线圈温升限值

温度等级	F 级	H 级
绝缘材料最高允许温度（℃）	155	180
绕组温升限值（K）	100	125

表 2－10　　　　具体的环境条件及运行规范对报警、跳闸整定参考值

温度（气道温度）（℃）	风机启动温度（℃）	停机温度（℃）	超温报警（℃）	超温跳闸（℃）
H 级（带底部风机）	50	40	95	110
H 级（风冷，不带底部风机）	20	0	95	110
H 级（自冷，如带温控仪）	—	—	145	165

（3）套管异常检修。

1）套管的异常现象。

a. 因环境质量差导致套管表面污秽，造成雨雾天气发生电晕现象。

b. 套管出线连接松动，接触处过热导致氧化，甚至烧熔。

c. 套管表面脏污并吸收水分后，会使绝缘电阻降低、导电性灵敏，不仅容易引起表面闪络，还可能因泄漏电流增加，使绝缘套管发热并造成瓷质损坏，甚至击穿或在套管之间发生放电现象，易引发线路接地或保护跳闸，严重时会使套管产生裂纹和破碎。

d. 在安装或检修过程中，造成导电杆松动，或套管受力不均，发生套管过热、渗油等，极易使变压器受潮出现绝缘故障，导电杆螺纹损坏，有过热变色现象。

e. 使用时间较长、环境温度高，套管密封垫老化，套管胶垫密封失效。油纸电容式套管顶部密封不良，可能导致进水使绝缘击穿，下部密封不良使套管渗油，导致油面下降。

f. 使用环境潮湿，套管内部绝缘容易受潮。

2）套管的修理。

a. 套管外观检查处理。

（a）检查套管表面前要擦拭干净，检查套管表面是否有放电烧痕，有无裂纹和破损，要求瓷质光滑完整无损伤。

（b）导电杆螺纹是否损坏，有无过热现象。

（c）检查套管各密封处是否有渗漏现象。如有渗漏，则应更换合适的密封件，然后对称均匀地拧紧固定螺栓。

（d）检查油位是否正常，若缺油要补充。

b. 套管的拆卸及维修。

（a）拆前检查套管外观，如有裂纹应更换。如果套管经擦拭后表面干净、无裂纹、无放电痕迹以及裙边无缺陷时，可以拆卸进行维修。

（b）首先对角拧下固定螺母或螺栓，然后用手轻轻晃动套管，使其法兰与密封垫黏结处松动，便可取下套管。在拆导电杆前，应防止导电杆晃动时损伤套管。拆下的螺栓或螺母要清洗，缺件补齐。把脏污或受潮的主绝缘筒擦拭干净，受潮的绝缘筒经检查绝缘完好后，送入干燥炉中干燥，干燥温度 70～80℃，时间 6～12h，升温速度每小时小于 30 ℃。如果连同套管烘干时，升温速度每小时小于等于 10 ℃，以防套管裂损。

（c）烘干后的套管用干燥的白布擦拭其表面。在组装时要把全部密封垫更换为新的，不可重复使用。组装时密封垫受力要均匀，保证套管密封良好。最后按与拆卸相反的工序进行装配。要求导电杆处于套管中心位置。

3）套管修理质量要求。

a. 套管维修后，要求套管及其附件完整、无损和烧痕。

b. 导电杆、压盖、垫圈及螺母，不准使用铁质件。

c. 导电杆应使用纯铜杆（紫铜杆），直径不小于 12mm。

d. 导电杆及其金属体均应镀锡，镀锡后的螺母及导电杆配合应适度，不得过紧或过松。

e. 套管的排列顺序为由左到右排列（站在高压侧看），即：

低压：n　u　v　w

高压：U　V　W

箱盖上无相序标志者，低压中性线压盖应涂以黑漆。

（4）分接开关操作异常。分接开关（调压开关）调整不到位

当配电变压器二次侧电压过高或过低时，调整分接开关挡位后不经测量就送电。这时，如果分接开关调整不到位而接触不良，就有可能造成分接开关及高压绕组烧毁。

（5）接地电阻异常处理。

1）接地装置对土壤的要求。接地装置要敷设在低电阻率的区域里。因为接地装置的接地电阻和土壤电阻率近似成正比关系。相同的接地装置，土壤电阻率越小，则接地电阻越小；反之，则接地电阻越大。在选择配电变压器安装位置时，除考虑靠近负荷中心外，还应尽可能避开高电阻率区域。

2）接地装置所用材料及规格。要求接地装置应尽可能利用自然接地极。为延长接地极的使用寿命，并使接地电流能顺利地流散，接地极可以用热镀铜、热镀锌或热镀锡的方法防锈，绝不可采用刷漆、涂沥青的防锈方法。在腐蚀性特别严重的土壤如盐碱地中，可考虑采用铜料。

3）对人工接地极连接的要求。

a. 水平接地极的连接宜采用焊接。当用搭接方法时，其搭接长度必须是扁钢宽度的 2 倍和圆钢直径的 6 倍，并且至少在三个棱边施焊。

b. 水平接地极与垂直接地极的连接，也应采用焊接。为保证焊接牢固并增大焊接接触面，除两侧焊接外，一般焊以弯成弧形或直角形的卡子，或者直接由钢带本身弯成弧形或直角形与钢管或角钢焊接。

c. 接地引下线与接地极的连接也最好采用焊接。如用螺栓连接时，应有防松螺帽或防松垫片。连接时应将接触面除锈擦净至发出金属光泽，并涂以一薄层中性凡士林，然后拧紧。有条件的地方，接触面最好搪锡。接地引下线与设备的连接，是将引下线接至设备的接地螺栓上，接触面应除锈后涂中性凡士林，

然后将接地螺栓拧紧。

4）对人工接地极敷设的要求。

人工接地极的敷设深度一般是越深越好。因为埋得越深，接地电阻越小。但随着深度的增加，施工难度增加很大，而接地电阻却降低甚微，得不偿失，故规程建议埋深 0.6～0.8m。所谓埋深，是指接地极最高点的深度。

人工垂直接地极长度一般取 2～2.5m。为降低屏蔽系数，其间距最好是 20m。不得已时，最小不能小于其长度的 2 倍。垂直接地极一般不应少于 2 根。为便于打入土壤中，其一端应做成尖形。

人工水平接地极的间距一般不宜小于 5m。

接地沟的尺寸没有严格要求，以节省土方工作量和便于施工为原则。所挖出的土方不宜弃置过远，以便于回填。回填土应夯实。土壤越密实，接地电阻越小。

5）其他几个应注意的问题。

a. 铝材在土壤中极易腐蚀，所以决不能用铝线或铝排作接地极。

b. 如配电变压器坐落在高电阻率区域内，可用外引接地极引至近处土壤电阻率较低的地方，如低洼地或池塘、湖泊、江河、溪流边。如外引接地有困难，可在接地板周围放置木炭、化工厂弱腐蚀性废渣或接地专用降阻剂。

另外，干式变压器及其外壳（如有）、风机及温控仪必须可靠接地，要求接地电阻≤4Ω。

2.4.2 配电柱上变压器及高低压引线更换

以汽吊方式更换配电柱上变压器为例进行介绍。

1. 作业准备阶段

（1）组织现场勘查。

1）查看现场环境及危险点情况，确定检修停电和施工作业范围。

2）合理配置作业人员。

3）填写现场勘察记录。

（2）编制施工作业方案。严格执行《国家电网公司电力安全工作规程（配电部分）（试行）》，编制现场施工作业方案，主要包括组织措施、技术措施、安全措施等，经批准后执行。

（3）提交并办理相关停电申请。

1）确认现场检修变压器的停电范围。

2）向调度提交书面停电申请单。

（4）工器具和材料准备。

1）对施工作业现场所需的安全工机具、施工器具、仪器仪表、材料物资等检查并确认，满足施工要求。

2）准备相关图纸及技术资料。配电柱上变压器及高低压引线更换所需工器具见表 2-11，所需设备与材料见表 2-12。

表 2-11　　配电柱上变压器及高低压引线更换所需工器具

√	序号	名称	规格	单位	数量	备注
	1	验电器	10kV	只	1	
	2	验电器	0.4kV	只	1	
	3	接地线	10kV	组	2	
	4	接地线	0.4kV	组	1	
	5	个人保安线	不小于 16mm²	组	2	
	6	绝缘手套	10kV	副	1	
	7	安全带		条	2	
	8	脚扣		副	2	
	9	10kV 绝缘操作杆	4m	套	1	
	10	绝缘靴	10kV	双	1	
	11	螺旋式卡环		个	4	
	12	个人工具		套	4	
	13	钢锯弓子		把	1	
	14	警告牌、安全围栏		套	若干	
	15	钢卷尺	3m	个	1	
	16	挂钩滑轮	0.5t	个	2	
	17	传递绳	15m	根	2	
	18	钢丝绳套		条	3	
	19	固定缆绳		套	1	
	20	吊绳		根	1	

续表

√	序号	名称	规格	单位	数量	备注
	21	圆钢管吊杠 150mm×5m×3m		根	1	
	22	手扳葫芦		个	1	
	23	吊杠固定专用钢丝绳套	2m	条	2	
	24	手锤		把	1	
	25	断线钳	1号	把	1	
	26	吊车	8t	辆	1	
	27	（白棕绳）滑车组	3m	套	1	
	28	兆欧表	2500V	块	1	
	29	单臂电桥		台	1	
	30	双臂电桥		台	1	
	31	接地电阻表		台	1	
	32	其他				按工程需要配置

表2-12　　　　　配电变压器及高低压引线更换所需设备与材料

√	序号	名称	规格	单位	数量	备注
	1	配电变压器		台	1	
	2	松动剂		瓶	1	
	3	钢锯条		条	10	
	4	棉纱		kg	0.5	
	5	螺栓	16×40	只	4	
	6	螺栓	16×100	只	4	
	7	设备线夹	根据需要准备	个	根据需要准备	
	8	10kV绝缘线	根据需要准备	m	根据需要准备	
	9	低压绝缘线或低压电缆	根据需要准备	m	根据需要准备	
	10	其他				按工程需要配置

（5）工作票填写。

1）填写配电第一种工作票，应按《国家电网公司电力安全工作规程（配电部分）（试行）》规范填写。

2）若一张停电作业工作票下设多个小组工作，每个小组应指定小组工作负责人（监护人），并使用工作任务单。

2．作业实施阶段

（1）现场开工会。

1）工作负责人组织现场开工会，有记录并有录音。

2）工作负责人应检查工作班成员着装是否整齐，是否符合要求；安全用具和劳保用品是否佩带齐全。

3）工作班成员列队并面向工作地点，由工作负责人宣读检修作业内容，交代现场安全措施、危险点防范等注意事项，并进行现场人员分工，交代各作业位置工作方案。

4）全体作业人员分工明确，任务落实到人，安全措施交代到位以后进行签字确认。

5）工作负责人发布开始工作的命令。

（2）检查停电范围。

1）必须核对停电检修线路的双重名称及配电变压器台区无误。

2）必须明确配电变压器台区安全措施已经完成。

（3）检查新变压器。

1）对新变压器进行外观检查，确认型号无误。检查高、低压套管表面无硬伤、裂纹，清除表面灰垢、附着物及不应有的涂料。

2）各部位连接螺栓牢固，各接口无渗油，外壳无机械损伤和锈蚀，油漆完好。

3）检查分接开关在中间档位置，特殊规格按设计要求检查。

4）检查出厂产品说明书、试验报告及合格证齐全有效。

5）使用 2500V 兆欧表测量绕组连同套管 1min 时的绝缘电阻。在同等温度下，绝缘电阻值不低于产品出厂试验值的 70%。当无出厂报告时，可参考表 2-13 所示的油浸式电力变压器绕组绝缘电阻的最低允许值。

表2-13　　油浸式电力变压器绕组绝缘电阻的最低允许值（MΩ）

高压绕组电压等级（kV）	温度（℃）								
	5	10	20	30	40	50	60	70	80
3～10	540	450	300	200	130	90	60	40	25
20～35	720	600	400	270	180	120	80	50	35

6）用单、双臂电桥分别测量变压器高、低压侧绕组连同套管的直流电阻，1600kVA 及以下三相变压器各相绕组相互间的差别不应大于 4%，无中性点引出的绕组，线间各绕组相互间差别不应大于 2%。

（4）拆除旧变压器。

1）登杆前，必须检查杆根是否牢固并确认变压器台架结构牢固。

2）拆除变压器高、低压端子的防护罩，高、低压引线，表计接线及外壳接地线。

3）将旧变压器吊离台架。工作负责人指挥吊车进入工作区内，站好工作位置，司机应根据摆放位置的地质情况，垫好伸缩支腿。吊车司机在工作负责人的指挥下操纵吊车，杆上人员将钢丝绳下套分别套入变压器吊点上后，拆除变压器的固定螺栓或钢缆。起吊时，当钢丝绳全部吃力后应停止起吊，检查各吊点无异常后，再缓慢吊起变压器并放置在合适位置。

（5）安装新变压器。

1）起吊新变压器并就位。吊车司机在工作负责人的指挥下操纵吊车，将钢丝绳下套分别套入变压器吊点上。起吊时，当钢丝绳全部吃力后应停止起吊，检查各吊点无异常后，再缓慢吊起变压器并放置在台架上。

2）缓慢调整变压器到合适位置，并用螺栓或专用钢缆将变压器固定牢固。

3）连接变压器高、低压引线，表计接线及外壳接地线。铜铝连接应有可靠的过渡措施。

4）安装变压器高、低压桩头绝缘防护罩。

3. 作业结束阶段

（1）质量验收。

1）工作负责人依据施工验收规范对施工工艺、质量进行自查验收。清点全部作业人员已撤离作业位置，经验收合格后拆除安全措施。

2）检查所有连接螺栓应紧固。

3）高、低压引线排列整齐、美观，连接良好，不应过紧或过松，变压器桩头不应受到引线的拉力。

4）变压器上无遗留物，瓷件清洁，外壳无渗漏油现象。

5）变压器分接开关位置到位、正确。

6）变压器外壳及中性点接地良好。容量大于 100kVA 时，接地电阻不大于

4Ω；容量不超过 100kVA 时，接地电阻不大于 10Ω。

7）清理施工现场，整理工具、材料，做到工毕、料尽、场地清。

（2）工作终结。

1）办理配电第一种工作票终结手续，工作终结后任何人员严禁再触及线路设备。

2）变压器送电后，确认相关用户确实已有电压，相位、相序正确。

模块小结

通过本模块学习，重点掌握呼吸器异常检修、温升异常检修、套管异常检修、分接开关异常检修、接地电阻异常检修的基本方法。配电变压器及高低压引线更换的基本步骤及作业方法。

思考与练习

1. 配电变压器故障的主要原因有哪些？

2. 配电变压器哪些情况下需要停电检修？

3. 配电变压器温升异常的基础处理方法？

4. 配电变压器安装前应进行哪些检查？

电缆配电线路及设备运维检修

≫ 3.1 电缆配电线路巡视 ≪

本模块介绍电缆配电线路及设备巡视的一般规定、周期、流程、项目及要求。通过要点讲解和示例介绍，掌握电缆配电线路巡视的专业技能。

3.1.1　电缆配电线路巡视的一般规定

1. 电缆配电线路巡视的目的

对电缆配电线路巡视的目的是监视和掌握电缆配电线路和所有附属设备的运行情况，及时发现和消除电缆配电线路和所有附属设备的异常和缺陷，预防事故发生，确保电缆配电线路安全运行。

2. 电缆线路设备巡视的方法及要求

（1）巡视方法。巡视人员在巡视中一般通过察看、听嗅、检测等方法对电缆线路设备进行检查，巡视基本方法见表 3-1。

表 3-1　　　　　　　　　　　电缆线路设备巡视基本方法

方法	设备	正常状态	异常状态及原因分析
察看	（1）电缆线路设备外观。 （2）电缆线路设备位置。	（1）设备外观无变化，无移位。 （2）电缆线路走向位置上无异	（1）终端设备外观渗漏、连接处松及风吹摇动、相间或相对地距离狭小等。

续表

方法	设备	正常状态	异常状态及原因分析
察看	（3）电缆线路压力或油位指示。 （4）电缆线路信号指示	物，电缆支架坚固，电缆位置无变化。 （3）压力指示在上限和下限之间，或油位高度指示在规定值范围内。 （4）信号指示无闪烁和警示	（2）电缆走向位置上有打桩、挖掘痕迹等；支架腐蚀锈烂、脱落；电缆跌落移位等。 （3）压力指示高于上限或低于下限，有油位指示低于规定值等。 （4）信号闪烁，或出现警示，或信号熄灭等
听嗅	（1）电缆终端设备运行声音。 （2）电缆设备气味	（1）均匀的"嗡嗡"声。 （2）无塑料焦糊味	（1）电缆终端处出现"啪啪"等异常声音，电缆终端对地放电或设备连接点松弛等。 （2）有塑料焦糊味等异常气味，电缆绝缘过热熔化等
检测	（1）测量：电缆线路设备温度（红外线测温仪、红外热成像仪、热电偶、压力式温度表）。 （2）检测：单芯电缆接地电流	（1）电缆设备温度小于电缆长期允许运行温度。 （2）单芯电缆接地电流（环流）小于该电缆线路计算值	（1）超过允许运行温度可能的原因有：① 电缆终端设备连接点松弛；② 负荷骤然变化较大；③ 超负荷运行等。 （2）接地电流（环流）大于该电缆线路计算值

（2）安全事项。

1）在进行电缆线路设备巡视时，必须严格遵守《国家电网公司电力安全工作规程（线路部分）（试行）》和企业管理标准相关规定，做到不漏巡、错巡，不断提高电缆线路设备巡视质量，防止设备事故发生。

2）允许单独巡视高压电缆线路设备的人员名单应经安监部门审核批准，新进人员和实习人员不得单独巡视高压电缆线路设备。

3）巡视电缆线路户内设备时应随手关门，不得将食物带入室内，变电站内禁止烟火，巡视高压电缆线路设备时，应戴安全帽，按规定着装，并按规定的路线、时间进行。

（3）巡视质量。

1）巡视人员应按规定认真巡视电缆线路设备，对电缆线路设备异常状态和缺陷做到及时发现、认真分析、正确处理，做好记录并按电缆运行管理程序进行汇报。

2）电缆线路设备巡视应按季节性预防事故特点，根据不同地区、不同季节的巡视项目、检查侧重点不同进行。如电缆进入变电站和构筑物内的防水、防火、防小动物；冬季的防暴风雪、防寒冻、防冰雹；夏季的雷雨迷雾和沙尘天气的防污闪、防渗水漏雨；构筑物内的照明通风设施、排火器材是否完善等。

3. 电缆配电线路巡视周期

电缆配电线路巡视周期见表3-2。

表3-2 电缆配电线路巡视周期

巡视项目	巡视周期
电缆线路及电缆线段（敷设在土壤中、隧道中及桥梁架设）	≤3 个月
发电厂和变电站的电缆沟、电缆井、电缆架及电缆线段	≤3 个月
电缆竖井	≤6 个月
交联电缆、充油电缆终端供油装置油位指示	冬季、夏季
单芯电缆护层保护器	≤1 年
水底电缆线路	≤1 年
户内、户外电缆终端头	1～3 年

注 电缆线路及附属设备巡视周期在《电力电缆及通道运维规程》（Q/GDW 1512—2014）中无明确规定的，如分支箱、电缆排管、环网柜、隔离闸刀、避雷器等，各地可结合本地区的实际情况，制订相适应的巡视周期。

4. 电缆配电线路巡视分类

电缆配电线路巡视分为定期巡视、故障巡视、特殊巡视三类。

（1）定期巡视包括对电缆线路及通道的检查，可以按全线或区段进行。巡视周期相对固定，并可动态调整。电缆线路及通道的巡视可按不同的周期分别进行。

（2）故障巡视应在电缆发生故障后立即进行，巡视范围为发生故障的区段或全线。对引发事故的证物、证件应妥为保管设法取回，并对事故现场进行记录、拍摄，以便为事故分析提供证据和参考。对事故现场处理后的电缆中间接头位置及附近情况应记录、拍摄，以便今后再次出现动土作业之前参考使用。

（3）特殊巡视应在气候剧烈变化、自然灾害、外力影响、异常运行和对电网安全稳定运行有特殊要求时进行，巡视的范围视情况可分为全线、特定区域和个别组件。对电缆线路及通道周边的施工行为应加强巡视，已开挖暴露的电缆线路，应缩短巡视周期，必要时安装移动视频监控装置进行实时监控或安排人员看护。

3.1.2　电缆配电线路及通道的巡视项目及要求

电缆线路巡视包括巡视安排、巡视准备、核对设备、检查设备、巡视汇报等部分内容。电缆线路巡视流程见图 3-1。

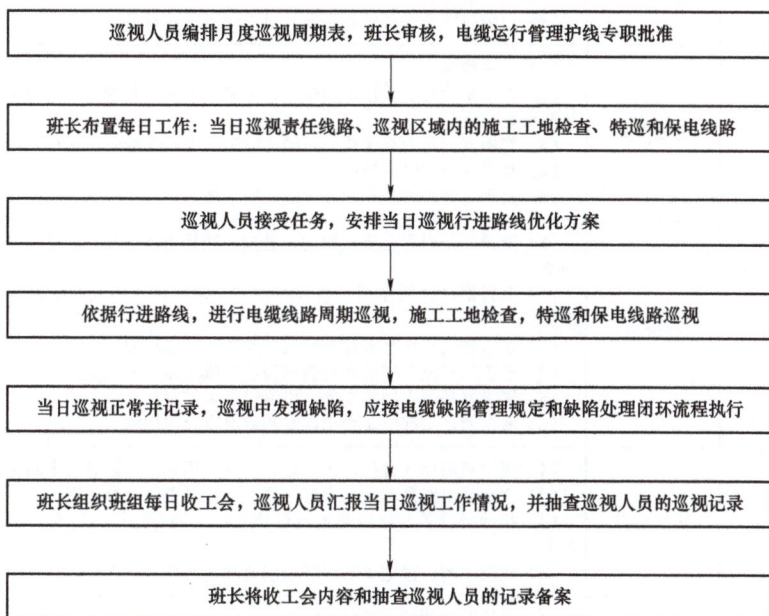

巡视人员编排月度巡视周期表，班长审核，电缆运行管理护线专职批准
班长布置每日工作：当日巡视责任线路、巡视区域内的施工工地检查、特巡和保电线路
巡视人员接受任务，安排当日巡视行进路线优化方案
依据行进路线，进行电缆线路周期巡视，施工工地检查，特巡和保电线路巡视
当日巡视正常并记录，巡视中发现缺陷，应按电缆缺陷管理规定和缺陷处理闭环流程执行
班长组织班组每日收工会，巡视人员汇报当日巡视工作情况，并抽查巡视人员的巡视记录
班长将收工会内容和抽查巡视人员的记录备案

图 3-1　电缆线路巡视流程

1. 电缆线路巡视检查要求及内容

（1）电缆线路巡视应沿电缆逐个接头、终端建档进行，并实行立体式巡视，不得出现漏点（段）。

（2）电缆线路巡视检查的要求及内容按照表 3-3 执行。

表 3-3　　　　　　　　　　电缆线路巡视检查的要求及内容

巡视对象	部件	要求及内容
电缆本体	本体	（1）是否变形。 （2）表面温度是否过高
	外护套	是否存在破损情况和龟裂现象
附件	电缆终端	（1）套管外绝缘是否出现破损、裂纹，是否有明显放电痕迹、异味及异常响声；套管封是否存在漏油现象；瓷套表面不应严重结垢。 （2）套管外绝缘爬距是否满足要求；

巡视对象	部件	要求及内容
附件	电缆终端	(3) 电缆终端、设备线夹与导线连接部位是否出现发热或温度异常现象。 (4) 固定件是否出现松动、锈蚀、支撑绝缘子外套开裂、底座倾斜等现象。 (5) 电缆终端及附近是否有不满足安全距离的异物。 (6) 支撑绝缘子是否存在破损情况和龟裂现象。 (7) 法兰盘尾管是否存在渗油现象。 (8) 电缆终端是否有倾斜现象，引流线不应过紧
	电缆接头	(1) 是否浸水。 (2) 外部是否有明显损伤及变形，环氧外壳密封是否存在内部密封胶向外渗漏现象。 (3) 底座支架是否存在锈蚀和损坏情况，支架应稳固是否存在偏移情况。 (4) 是否有防火阻燃措施。 (5) 是否有铠装或其他防外力破坏的措施
附属设备	避雷器	(1) 避雷器是否存在连接松动、破损、连接引线断股、脱落、螺栓缺失等现象。 (2) 避雷器动作指示器是否存在图文不清、进水和表面破损、误指示等现象。 (3) 避雷器均压环是否存在缺失、脱落、移位现象。 (4) 避雷器底座金属表面是否出现锈蚀或油漆脱落现象。 (5) 避雷器是否有倾斜现象，引流线是否过紧。 (6) 避雷器连接部位是否出现发热或温度异常现象
	接地装置	(1) 接地箱箱体（含门、锁）是否缺失、损坏，基础是否牢固可靠。 (2) 主接地引线是否接地良好，焊接部位是否做防腐处理。 (3) 接地类设备与接地箱接地母排及接地网是否连接可靠，是否松动、断开。 (4) 同轴电缆、接地单芯引线或回流线是否缺失、受损
	在线监测装置	(1) 在线监测硬件装置是否完好。 (2) 在线监测装置数据传输是否正常。 (3) 在线监测系统运行是否正常
附属设施	电缆支架	(1) 电缆支架应稳固，是否存在缺件、锈蚀、破损现象。 (2) 电缆支架接地是否良好
	标识标牌	(1) 电缆线路铭牌、接地箱铭牌、警告牌、相位标识牌是否缺失、清晰、正确。 (2) 路径指示牌（桩、砖）是否缺失、倾斜
	防火设施	(1) 防火槽盒、防火涂料、防火阻燃带是否存在脱落。 (2) 变电站或电缆隧道出入口是否按设计要求进行防火封堵措施

2. 通道巡视检查要求及内容

（1）通道巡视应对通道周边环境、施工作业等情况进行检查，及时发现和掌握通道环境的动态变化情况。

（2）在确保对电缆巡视到位的基础上，宜适当增加通道巡视次数，对通道上的各类隐患或危险点安排定点检查。

（3）对电缆及通道靠近热力管或其他热源、电缆排列密集处，应进行电缆环境温度、土壤温度和电缆表面温度监视测量，以防环境温度或电缆过热对电缆产生不利影响。

（4）通道及保护区巡视要求及内容按照表3-4执行。

表3-4 通道及保护区巡视要求及内容

巡视对象		要求及内容
通道	直埋	（1）电缆相互之间，电缆与其他管线、构筑物基础等最小允许间距是否满足要求。 （2）电缆周围是否有石块或其他硬质杂物，以及酸、碱强腐蚀物等
	电缆沟	（1）电缆沟墙体是否有裂缝，附属设施是否故障或缺失。 （2）竖井盖板是否缺失，爬梯是否锈蚀、损坏。 （3）电缆沟接地网接地电阻是否符合要求
	隧道	（1）隧道出入口是否有障碍物。 （2）隧道出入口门锁是否锈蚀、损坏。 （3）隧道内是否有易燃、易爆或腐蚀性物品，是否有引起温度持续升高的设施。 （4）隧道内地坪是否倾斜、变形及渗水。 （5）隧道墙体是否有裂缝，附属设施是否故障或缺失。 （6）隧道通风亭是否有裂缝、破损。 （7）隧道内支架是否锈蚀、破损。 （8）隧道接地网接地电阻是否符合要求。 （9）隧道内电缆位置正常，无扭曲，外护层无损伤，电缆运行标识清晰齐全；防火墙、防火涂料、防火包带应完好无缺，防火门开启正常。 （10）隧道内电缆接头有无变形，防水密封良好；接地箱有无锈蚀，密封、固定良好。 （11）隧道内同轴电缆、保护电缆、接地电缆外皮有无损伤，密封是否良好，接触是否牢固。 （12）隧道内接地引线有无断裂，紧固螺丝有无锈蚀，接地是否可靠。 （13）隧道内电缆固定夹具构件、支架有无缺损、锈蚀，是否牢固无松动。 （14）现场检查有无白蚁、老鼠咬伤电缆。 （15）隧道投料口、线缆孔洞封堵是否完好。 （16）隧道内其他管线有无异常状况。 （17）隧道通风、照明、排水、消防、通信、监控、测温等系统或设备是否运行正常，是否存在隐患和缺陷
	工作井	（1）接头工作井内是否长期存在积水现象，地下水位较高、工作井内易积水的区域敷设的电缆是否采用阻水结构。 （2）工作井是否出现基础下沉、墙体坍塌、破损现象。 （3）盖板是否存在缺失、破损、不平整现象。 （4）盖板是否压在电缆本体、接头或者配套辅助设施上。 （5）盖板是否影响行人、过往车辆安全。 （6）盖板是否有"电力电缆"井盖标识，是否有排污管接入井内
	排管	（1）排管包封是否破损、变形。 （2）排管包封混凝土层厚度是否符合设计要求的，钢筋层结构是否裸露。 （3）预留管孔是否采取封堵措施

续表

巡视对象		要求及内容
通道	电缆桥架	(1) 电缆桥架电缆保护管、沟槽是否脱开或锈蚀，盖板是否有缺损。 (2) 电缆桥架是否出现倾斜、基础下沉、覆土流失等现象，桥架与过渡工作井之间是否产生裂缝和错位现象。 (3) 电缆桥架主材是否存在损坏、锈蚀现象
	水底电缆	(1) 水底电缆管道保护区内是否有挖砂、钻探、打桩、抛锚、拖锚、底拖捕捞、张网、养殖或者其他可能破坏海底电缆管道安全的水上作业。 (2) 水底电缆管道保护区内是否发生违反航行规定的事件。 (3) 临近河（海）岸两侧是否有受潮水冲刷的现象，电缆盖板是否露出水面或移位，河岸两端的警告牌是否完好
保护区	保护区及终端站	(1) 电缆通道保护区内是否存在土壤流失，造成排管包封、工作井等局部点暴露或者导致工作井、沟体下沉、盖板倾斜。 (2) 电缆通道保护区内是否修建建筑物、构筑物。 (3) 电缆通道保护区内是否有管道穿越、开挖、打桩、钻探等施工。 (4) 电缆通道保护区内是否被填埋。 (5) 电缆通道保护区内是否倾倒化学腐蚀物品。 (6) 电缆通道保护区内是否有热力管道或易燃易爆管道泄漏现象。 (7) 终端站、终端塔（杆、T接平台）周围有无影响电缆安全运行的树木、爬藤、堆物及违章建筑等

3.1.3 危险点分析

电缆线路及设备巡视时的危险点分析和预控措施见表3-5。

表3-5　　　电缆线路及设备巡视的危险点分析和预控措施

序号	危险点	预控措施
1	人身触电	(1) 巡视时应与带电电缆线路设备保持足够的安全距离：10kV及以下，0.7m；35kV，1m；110kV，1.5m；220kV，3m；330kV，4m；500kV，5m。 (2) 巡视时不得移开或越过有电电缆线路设备遮栏
2	有害气体燃爆中毒	(1) 下电缆井巡视时，应配有可燃和有毒气体浓度显示的报警控制器。 (2) 报警控制器的指示误差和报警误差应符合下列规定： 1) 可燃气体的指示误差：指示范围为0~100%LEL时，±5%LEL。 2) 有毒气体的指示误差：指示范围为0~3TLV时，±10%指示值。 3) 可燃气体和有毒气体的报警误差：±25%设定值以内
3	摔伤或碰砸伤人	(1) 巡视时注意行走安全，上下台阶、跨越沟道或配电室门口防鼠挡板时，防止摔伤、碰伤。 (2) 巡视中需要搬动电缆沟盖板时，应防止砸伤和碰砸伤人。 (3) 在电缆井、电缆隧道、电缆竖井内巡视时，应及时清理杂物，保持通道畅通，上下扶梯及行走时，防止绊倒摔伤
4	设备异常伤人	(1) 电缆本体受到外力机械损伤或存在地面下陷倾斜等异常可能对人身安全构成威胁时，巡视人员应远离现场，防止发生意外伤人。 (2) 电缆终端设备放电或存在异常可能对人身安全构成威胁时，巡视人员应远离现场

续表

序号	危险点	预控措施
5	意外伤人	（1）巡视人员巡视电缆线路设备时应戴好安全帽。 （2）进入变电站巡视电缆线路设备时，一般应两人同时进行，注意保持与带电体的安全距离和行走安全，并严禁接触电气设备的外壳和构架。 （3）巡视人员巡视电缆线路设备时，应携带通信工具，随时保持联络。 （4）高压设备发生接地时，室内不得接近故障点4m以内，室外不得接近故障点8m以内。 （5）夜间巡视设备时，应携带照明器具，并两人同时进行，注意行走安全
6	保护及自动装置误动	（1）在变电站内禁止使用移动通信工具，以免造成继电保护及自动装置误动。 （2）在变电站内巡视行走应注意地面标志线，以免误入禁止标志线，造成继电保护及自动装置误动

3.1.4　巡视结果的处理

（1）巡线人员应将巡视同电缆线路的结果，记入巡线记录簿内。运行部门应根据巡视结果，采取对策消除缺陷。

（2）在巡视电缆线路中，如发现有零星缺陷，应记入缺陷记录簿内，据以编订月度或季度的维护小修计划。

（3）在巡视电缆线路中，如发现有普遍性的缺陷，应记入大修缺陷记录簿内，据以编制年度大修计划。

（4）巡线人员如发现电缆线路有重要缺陷，应立即报告运行管理人员，并做好记录，填写重要缺陷通知单。运行管理人员接到报告后应及时采取措施，消除缺陷。

模块小结

通过本模块学习，重点掌握电缆线路巡视流程、线路及通道的巡视要求及内容，能够掌握电缆线路巡视的一般规定，能够查找电缆线路缺陷并根据缺陷情况分类处理。

思考与练习

1. 电缆线路巡视周期如何规定的？

2. 电缆线路及通道的巡视要求及内容分别有哪些？

3. 简要描述电缆线路巡视流程。

≫ 3.2 电缆交接试验 ≪

模块说明

本模块介绍电缆交接试验项目及要求，包括主绝缘及外护套绝缘电阻测量，主绝缘交流耐压试验，检查电缆线路两端的相位，金属屏蔽层（金属套）电阻和导体电阻比测量，振荡波、超低频局部放电试验，介质损耗检测等。

正 文

电缆及附件在敷设和安装完毕后，由于安装、运输及现场敷设等因素，即使已通过出厂试验的电缆及附件的电气性能也可能遭受影响。因此，为了验证电缆线路的可靠性，避免在施工过程中出现的缺陷影响电缆线路的安全运行，需要通过试验的方法进行验收，这一类试验称为电缆交接试验。

3.2.1 主绝缘及外护套绝缘电阻测量

1. 试验目的

绝缘电阻测量是检查电缆线路绝缘状态最简单、最基本的方法。一般使用绝缘电阻表测量绝缘电阻，可以检查出电缆主绝缘或外护套是否存在明显缺陷或损伤。

2. 试验原理

电缆线路的绝缘电阻大小同加在电缆导体上的直流电压及通过绝缘的泄漏电流有关，绝缘电阻和泄漏电流的关系符合欧姆定律，即

$$R = \frac{U}{I} \tag{3-1}$$

绝缘电阻的大小取决于绝缘的体积电阻和表面电阻的大小，把直流电压 U 和绝缘的体积电流 I_v 之比称为体积电阻 R_v，直流电压 U 和表面泄漏电流 I_S 之比

称为表面电阻 R_S，即

$$R_v = \frac{U}{I_v} \qquad (3-2)$$

$$R_S = \frac{U}{I_S} \qquad (3-3)$$

正确反映电缆绝缘品质的是绝缘的体积电阻 R_v。

3. 试验方法及要求

（1）测量绝缘电阻时，应分别在电缆的每一相上进行。对一相进行测量时，其他两相导体、金属屏蔽或金属套和铠装层一起接地，三相电缆芯线绝缘电阻试验接线如图 3-2 所示。试验结束后应对被试电缆进行充分放电。

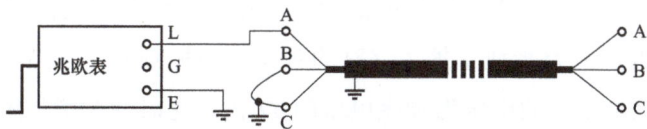

图 3-2　三相电缆芯线绝缘电阻试验接线

（2）电缆主绝缘电阻测量应采用 2500V 及以上电压的绝缘电阻表，外护套绝缘电阻测量宜采用 1000V 绝缘电阻表。

（3）耐压试验前后，绝缘电阻应无明显变化。电缆外护套绝缘电阻不低于 0.5MΩ·km。

4. 试验设备

手摇式绝缘电阻表见图 3-3，电子式绝缘电阻表见图 3-4。

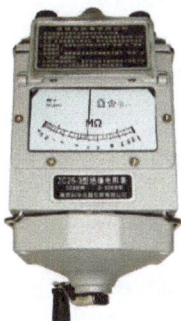

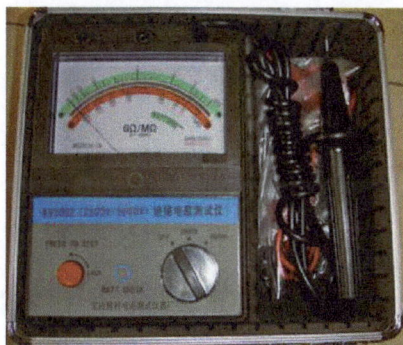

图 3-3　手摇式绝缘电阻表　　图 3-4　电子式绝缘电阻表

3.2.2 主绝缘交流耐压试验

1. 试验目的

交流耐压试验是在电缆敷设完成后进行的基本试验，是判断电缆线路是否可以运行的基本方法。当电缆线路中存在微小缺陷时，在运行过程中可能会逐渐发展成局部缺陷或整体缺陷。因此，为了考验电缆承受电压的能力，需要进行交流耐压试验。

2. 试验原理

对于电缆而言，其电容量相对其他类型设备较大，在进行耐压试验时，要求试验电压高、试验设备容量大，现场往往难以解决。为了克服这种困难，采用串联电抗器谐振的方法进行耐压试验，通过调节试验回路的频率 ω，使得 $\omega L = 1/\omega C$，此时回路形成谐振，这时的频率为谐振频率。设谐振回路品质因数为 Q，被试电缆上的电压为励磁电压的 Q 倍，这时通过增加励磁电压就能升高谐振电压，从而达到试验目的。此外，对于 35kV 及以下电压等级的电缆，可采用 0.1Hz 超低频交流电压的试验方法，根据无功功率的计算公式 $Q = 2\pi f C U^2$，理论上 0.1Hz 的试验设备容量可以比工频交流试验设备容量降低 500 倍，此外 0.1Hz 超低频试验设备远小于工频试验设备，具有设备轻便、易于接线等优点。

3. 试验方法及要求

（1）电缆交流耐压试验一般采用 20～300Hz 的谐振交流电压，电缆变频串联谐振试验接线如图 3-5 所示。

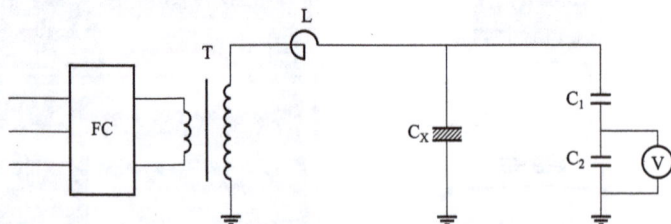

图 3-5 电缆变频串联谐振试验接线

FC—变频电源；T—励磁变压器；L—串联电抗器；C_X—被试电缆等效电容；
C_1、C_2—分压器高、低压臂电容

（2）对电缆做耐压试验时，应分别在每一相上进行。对一相进行试验时，其他两相导体、金属屏蔽或金属套和铠装层一起接地。试验结束后应对被试电缆进行充分放电。

（3）20～300Hz 交联电缆交流耐压试验电压和时间见表 3-6。

表 3-6　　　　　20～300Hz 交联电缆交流耐压试验电压和时间

额定电压 U_0/U（kV）	试验电压		时间（min）
	新投运线路或不超过 3 年的非新投运线路	非新投运线路	
18/30 及以下	$2.5U_0$（$2.0U_0$）	$2.0U_0$（$1.6U_0$）	5（60）
21/35 与 26/35	$2.0U_0$	$1.6U_0$	60

注　非新投运线路指由于线路切改或故障等原因重新安装电缆附件的电缆线路。对于整相电缆和附件全部更换的线路，试验电压和耐受时间按照新投运线路要求。

（4）当不具备谐振交流耐压的试验条件时，可采用频率为 0.1Hz 的超低频（VLF）交流电压进行耐压试验。

（5）橡塑电缆 0.1Hz 超低频交流耐压试验电压和时间见表 3-7。

表 3-7　　　　　橡塑电缆 0.1Hz 超低频交流耐压试验电压和时间

额定电压 U_0/U（kV）	试验电压	时间（min）
18/30 及以下	$3.0U_0$（$2.5U_0$）	15（60）
21/35 与 26/35	$2.5U_0$（$20U_0$）	

4. 试验设备

谐振交流耐压试验设备包括变频电源、励磁变压器、电抗器及分压器等设备，如图 3-6 所示。超低频耐压试验设备对容量要求较小，一般为一体化设备，如图 3-7 所示。

3.2.3　电缆线路核相

1. 试验目的

电缆线路在敷设、安装附件后，为保证两端的相位一致，需要对两端的相位进行检查。这项工作对于单个用电设备关系不大，但对于输电网络、双电源系统和有备用电源的重要用户等有重要意义。

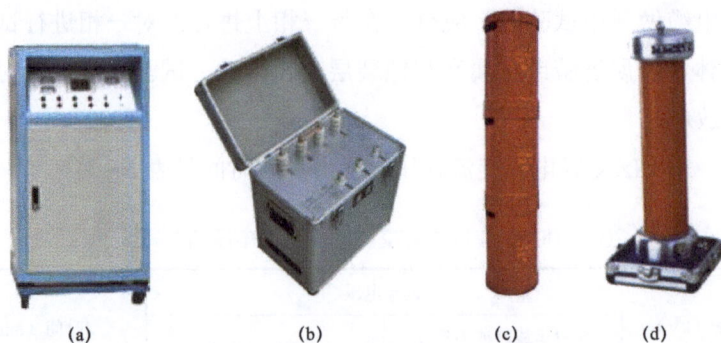

(a)　　　　　　　　　(b)　　　　　　　　(c)　　　　　(d)

图 3-6　谐振交流耐压试验设备

（a）变频电源；（b）励磁变压器；（c）电抗器；（d）分压器

图 3-7　电缆超低频耐压试验装置

2. 试验原理

在三相制电力网络中，三相之间有固定的相角差。电气设备与电网之间、电网与电网之间连接的相位必须一致才能正常运行。电缆线路连接电网和电气设备，必须保证两端的相位一致，所以电缆线路安装竣工或经过检修后都要进行核相工作。

3. 试验方法及要求

核相测试包括干电池法核相和绝缘电阻表核相两种方法。

（1）干电池法核相接线图如图 3-8 所示。

图 3-8　干电池法核相接线图

采用干电池法核相时，将电缆两端的线路接地刀闸拉开，对电缆进行充分放电，对侧三相全部悬空。在电缆的一端 A 相接电池组正极，B 相接电池组负极。在电缆的另一端用直流电压表测量任意两相芯线。当直流电压表正接时，直流电压表正极为 A 相，负极 B 相，剩下一相则为 C 相。电池组为 2～4 节干电池串联使用。

（2）绝缘电阻表核相接线图如图3-9所示。

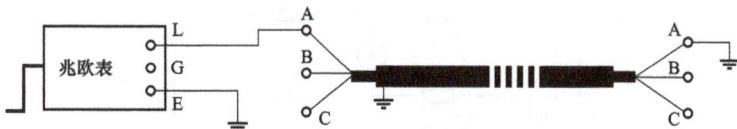

图3-9 绝缘电阻表核相接线图

采用绝缘电阻表核相时，将电缆两端的线路接地刀闸拉开，对电缆进行充分放电，对侧三相全部悬空，将测量线一端接绝缘电阻表"L"端，另一端接绝缘杆，绝缘电阻表"E"端接地。通知对侧人员将电缆其中一相接地（以A相为例），另两相空开。试验人员驱动绝缘电阻表，将绝缘杆分别搭接电缆三相芯线，绝缘电阻为零时的芯线为A相。试验完毕后，将绝缘杆脱离电缆A相，再停止绝缘电阻表。对被试电缆放电并记录。完成上述操作后，通知对侧试验人员将接地线接在线路另一相，重复上述操作，直至对侧三相均有一次接地。

（3）电缆线路两端的相位应一致，并与电网相位相符合。

3.2.4 金属屏蔽层（金属套）电阻和导体电阻比测量

1. 试验目的

金属屏蔽层（金属套）电阻和导体电阻比测量用于检查电缆金属屏蔽层是否发生锈蚀，以及在电缆线路重新制作接头后，用于检查接头的导体连接是否良好。因此，在交接试验时开展此项试验，可为运行阶段提供基准参考。

2. 试验原理

当电缆外护套发生破损时，金属屏蔽层（金属套）可能会发生腐蚀，导致电阻增加。此外，当电缆接头的导体连接点连接不良时，也会导致导体回路的电阻增加。通过测试金属屏蔽与导体的电阻比，可以帮助运维人员了解是否存在上述问题。由于电缆导体电阻很低，现场一般采用双臂电桥进行测试，双臂电桥原理图如图3-10所示。

通过调节四个可调电阻，使$I_g = 0$时，电桥达到平衡，此时通过式（3-4）可以得到被测电阻R_x的值

$$R_x = \frac{R_2}{R_1} R_n \qquad\qquad (3-4)$$

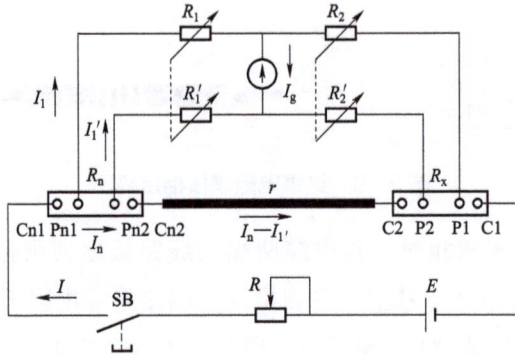

图 3-10 双臂电桥原理图

R_n—标准电阻；R_x—被测电阻；R_1、R_2、R_1'、R_2'—可调电阻；

r—附加电阻；P1、P2—电压极；C1、C2—电流极

3. 试验方法及要求

（1）结合其他连接设备一起，采用双臂电桥或其他方法，测量在相同温度下的回路金属屏蔽（金属套）和导体的直流电阻，并求取金属屏蔽（金属套）和导体电阻比，作为今后监测基础数据。

（2）现场由于电缆较长，无法在电缆两端接线，测试可采用以下方法：

1）将电缆线路末端三相短路，按照图 3-11 所示接线图连接双臂电桥，首先测量 AB 两相导体直流电阻之和 R_{AB}。

2）测量时，先将灵敏度调节到适当的位置，运用调节倍率、刻度盘和微调盘，调节桥臂的电阻。

3）当电桥平衡时，读取刻度盘和微调盘读数，记录 R_{AB} 的值。

4）更改接线，继续测量 BC、AC 两相的导体直流电阻之和 R_{BC}、R_{AC}。

5）完成测试后，根据式（3-5）即可计算出单相的导体直流电阻 R_A、R_B、R_C

$$\begin{aligned} 2R_A &= R_{AB} + R_{AC} - R_{BC} \\ 2R_B &= R_{AB} + R_{BC} - R_{AC} \\ 2R_C &= R_{AC} + R_{BC} - R_{AB} \end{aligned} \qquad (3-5)$$

6）同理可测得三相金属屏蔽层的直流电阻，即可得到导体与金属屏蔽层的电阻比。

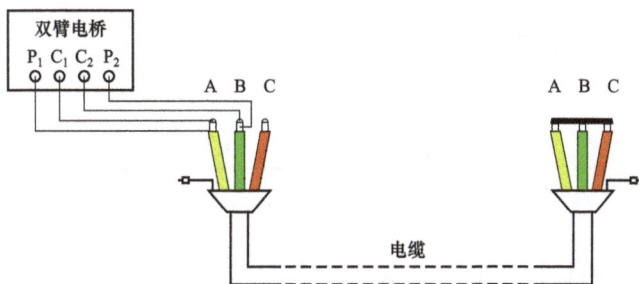

图 3-11 双臂电桥现场测试接线图

4. 试验设备

金属屏蔽层（金属套）电阻和导体电阻比测量试验用到的主要设备为直流双臂电桥，如图 3-12 所示。

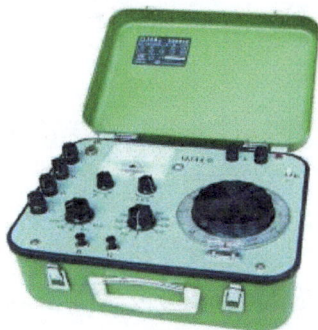

3.2.5 振荡波、超低频局部放电试验

1. 试验目的

当电缆在敷设、安装附件过程中由于操作不当，

图 3-12 直流双臂电桥

可能会在电缆线路中残留微小缺陷，这些微小缺陷可能会在运行过程中产生局部放电，并逐渐发展扩大成局部缺陷或整体缺陷。因此，为了提前发现这些缺陷，需要采用振荡波、超低频局部放电试验的方法来进行排查。该试验主要针对中压电缆线路。

2. 试验原理

在对电缆外施电压到一定条件下，会使电缆中缺陷处电场畸变程度超过临界放电场强，激发局部放电现象，局部放电信号以脉冲电流的形式向两边同时传播。通过在测试端并联一个耦合器收集这些电流信号，可以实现局部放电缺陷的检测。脉冲反射法原理图见图 3-13。当测试一条长度为 l 的电缆时，假设在距测试端 x 处发生局部放电，放电脉冲沿电缆向两个相反方向传播，其中一个脉冲经过时间 t_1 到达测试端；另一个脉冲向测试对端传播，在对端电缆末端发生反射之后再向测试端传播，经过时间 t_2 到达测试端，根据式（3-6）可计算出

局部放电发生的位置

$$\Delta t = t_2 - t_1 = 2(l-x)/v \tag{3-6}$$

式中　v——放电脉冲在电缆中的传播速度；

　　　x——局部放电脉冲的起始位置。

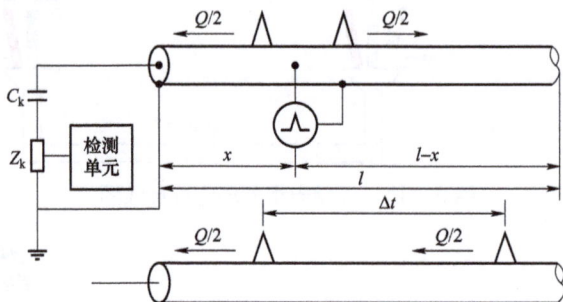

图 3-13　脉冲反射法原理图

Q—放电信号幅值；C_k—高压电容；Z_k—匹配阻抗

3. 试验方法及要求

（1）在交接试验中，电缆主绝缘局部放电检测可采用振荡波、超低频正弦、超低频余弦方波三种电压激励形式。

（2）采用振荡波激励时，测试原理图见图 3-14。交联电缆交接试验中局部放电测试要求见表 3-8。

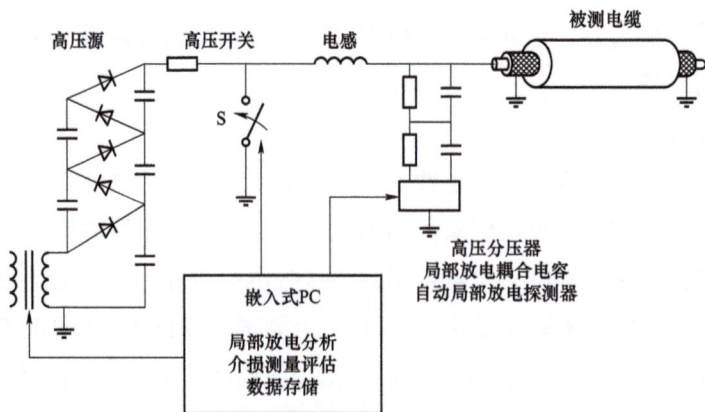

图 3-14　振荡波测试原理图

表 3-8　　　　　　　　　　交联电缆交接试验中局部放电测试要求

电压形式	最高试验电压		最高试验电压激励次数/时长	试验要求	
	全新电缆	非全新电缆		新投运电缆部分	非新投运电缆部分
振荡波电压	$2.0U_0$	$1.7U_0$	不低于 5 次	起始局部放电压不低于 $1.2U_0$；本体局部放电检出值不大于 100pC；接头局部放电检出值不大于 200pC；终端局部放电检出值不大于 2000pC	本体局部放电检出值不大于 100pC；接头局部放电检出值不大于 300pC；终端局部放电检出值不大于 3000pC
超低频正弦波电压	$3.0U_0$	$2.5U_0$	不低于 15 分钟		
超低频余弦方波电压	$2.5U_0$	$2.0U_0$			

（3）超低频局部放电检测可结合超低频耐压试验同步开展。

（4）局部放电检测试验前后，各相主绝缘电阻值应无明显变化。

（5）振荡波试验电压应满足：

1）波形连续 8 个周期内的电压峰值衰减不应大于 50%。

2）频率应介于 20～500Hz。

3）波形为连续两个半波峰值呈指数规律衰减的近似正弦波。

4）在整个试验过程中，试验电压的测量值应保持在规定电压值的 ±3% 以内。

（6）超低频试验电压应满足：

1）波形为超低频正弦波或超低频余弦方波。

2）频率应为 0.1Hz。

3）在整个试验过程中，试验电压的测量值应保持在规定电压值的 ±5%，正负电压峰值偏差不超过 2%。

4. 试验设备

振荡波、超低频局部放电试验所用到的设备主要为振荡波局部放电测试仪和超低频局部放电测试仪，如图 3-15 和图 3-16 所示。

3.2.6　介质损耗检测

1. 试验目的

介质损耗检测主要用于评估电缆绝缘的老化程度，在电缆刚刚竣工时，介质损耗值应很低，可作为后期状态评估的基准依据。若介质损耗值偏高，有可能在接头处存在进水受潮，需要进行进一步判断。

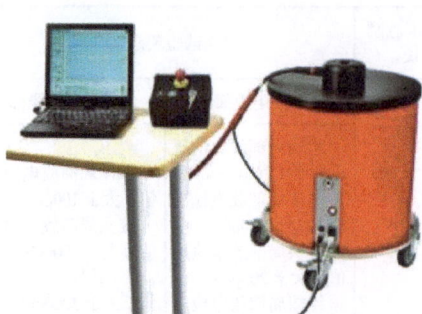

图 3-15　振荡波局部放电测试仪

图 3-16　超低频局部放电测试仪

2. 试验原理

介质损耗检测是通过测量介质损耗角正切值 $\tan\delta$ 的大小及其变化趋势，判断试品的整体绝缘情况。在交变电场下，电缆绝缘中流过的总电流可分解为容性电流 I_C 和阻性电流 I_R，$\tan\delta$ 即为 I_R 与 I_C 的比值。对于新的交联聚乙烯电缆来说，$\tan\delta$ 一般不超过 0.002，若绝缘发生受潮、变质、老化等，$\tan\delta$ 的数值会增大，介质损耗检测是判断绝缘老化程度的一种传统、有效的方法。

3. 试验方法及要求

橡胶电缆交接试验中介质损耗检测可采用工频和超低频正弦波两种电压激励形式，见表 3-9。

表 3-9　　　　　橡塑电缆交接试验中介质损耗检测要求

电压形式	试验电压		介质损耗检测数量	试验要求	
	全新电缆	非全新电缆		全新电缆	非全新电缆
超低频正弦波电压	$1.0U_0$ $2.0U_0$	$0.5U_0$ $1.0U_0$ $1.5U_0$	每级电压下不低于 5	$1.0U_0$ 下介质损耗值偏差$<0.1\times10^{-3}$；$2.0U_0$ 与 $1.0U_0$ 超低频介质损耗平均值的差值$<0.8\times10^{-3}$；$1.0U_0$ 下介质损耗平均值$<1.0\times10^{-3}$	$1.0U_0$ 下介质损耗值偏差$<0.5\times10^{-3}$；$0.5U_0$ 与 $1.5U_0$ 超低频介质损耗平均值的差值$<80\times10^{-3}$；$1.0U_0$ 下介质损耗平均值$<50\times10^{-3}$
工频电压	$1.0U_0$		—	$<0.1\times10^{-2}$	

模块小结

通过本模块学习，重点掌握主绝缘及外护套绝缘电阻测量、主绝缘交流耐压试验，能够掌握检查电缆线路两端的相位方法，并对电缆振荡波、介质损耗检测有所了解。

思考与练习

1. 什么是电缆交接试验？

2. 主绝缘交流耐压试验用到哪些工器具？

3. 振荡波、超低频局部放电试验目的？

❯ 3.3 电 缆 故 障 测 试 ❮

模块说明

本模块是电缆运维的核心部分，主要介绍电缆故障原因及测试方法，包括电缆故障探测步骤、电缆故障测距方法、电缆故障定点方法等。

正 文

3.3.1 电缆故障原因及分类

1. 电缆故障原因分析

电缆故障产生的原因和故障的表现形式是多方面的，有逐渐形成的，也有突然发生的；有单一型的故障，也有复合型的故障。国内电缆故障产生的原因如图 3-17 所示。

下面对几种最常见的电缆故障进行分析。

（1）外力破坏。外力破坏占全部故障原因的 58%，其中主要因素有：

1）由于市政建设工程频繁作业，不明地下管线情况，造成电缆受外力损伤的事故。

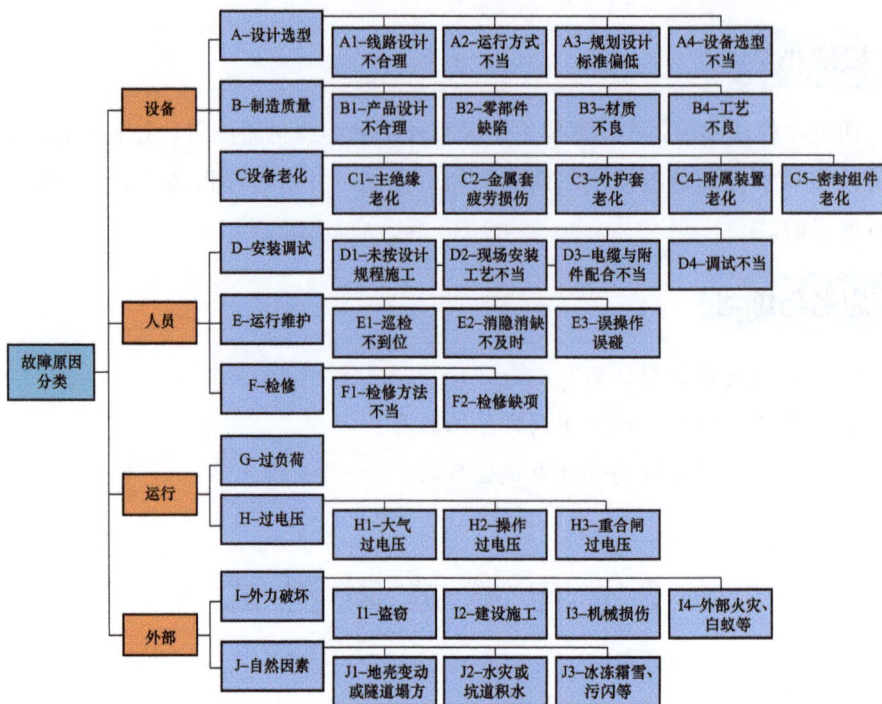

图 3-17 电缆故障原因分类

2）电缆敷设到地下后，长期受到车辆、重物等压力和冲击力作用，造成电缆下沉、铅包龟裂、中间接头拉断、拉裂等事故的发生。

（2）附件制造质量不合格。附件制造质量不合格占全部故障原因的 27%，附件质量主要指接头的制作质量，其中主要因素有：

1）接头制作未按技术标准操作，制作工艺不良，密封性能差。

2）制作接头时，周围环境湿度过大，使潮气侵入。

3）接头材料使用不当，电缆附件不符合现行技术标准。

4）电缆接头盒铸铁件出现裂缝、砂眼，造成水分侵入，形成击穿闪络故障。

5）油浸纸绝缘铅包电缆搪铅处，有砂眼、气孔或封铅时温度过高，破坏了内部绝缘，使绝缘水平下降。

6）塑料电缆由于密封不良，冷、热缩管厚薄不均匀，缩紧后反复弯曲引起气隙，造成闪络放电现象。

（3）敷设施工质量不合格。敷设施工质量不合格占全部故障原因的 12%，其中主要因素有：

1）电缆的敷设施工未按要求和规程进行。

2）敷设过程中，用力不当，牵引力过大，使用的工具、器械不对，造成电缆护层机械损伤，日久产生故障。

3）单芯高压电缆护层交叉换位接线错误，使护层中感应电压过高、环流过大引发故障。

（4）电缆本体故障。电缆本体故障占全部故障原因的3%，主要有电缆制造工艺故障和电缆绝缘老化两种原因。其中：

1）电缆制造工艺故障。由于电缆线芯与纸绝缘中的浸渍剂、塑料电缆中的绝缘物等物质，各自的膨胀系数不同，所以在制造过程中，不可避免地会产生气隙，导致绝缘性能降低。

另外，如果电缆在制造过程中，绝缘层内混入了杂质，或半导体层有缺陷（同绝缘剥离），或线芯绞合不紧，或线芯有毛刺等，都会使电场集中，引起游离老化。

交联聚乙烯电缆中由杂质和气隙引起的一些击穿故障，一般在电缆绝缘中呈"电树枝"现象，如图3-18所示。

图3-18 交联聚乙烯电缆绝缘层中的"电树枝"现象

2）因电缆绝缘老化而引起电缆故障。其主要因素有以下几种：

a. 有机绝缘的电缆长期在高电压或高温情况运行时，容易产生局部放电，从而引起绝缘老化。

b. 电缆内部绝缘介质中的气泡在电场作用下，产生游离，使绝缘性能下降。

c. 塑料类绝缘的电缆中有水分浸入，使绝缘纤维产生水解，在电场集中处呈"水树枝"现象，使绝缘性能逐渐降低，如图3-19所示。

图 3-19 聚乙烯绝缘层中的"水树枝"现象

d. 油浸纸绝缘的电缆运行时间过久时，会发生电缆中绝缘油干枯、结晶及绝缘纸脆化等现象。

e. 若电缆敷设后，长期浸泡在水中，经过含有酸碱及其他化学物质的地段，致使电缆铠装或铝包腐蚀、开裂、穿孔、塑料电缆护层硫化等，一般会出现"电树枝"现象。

2. 电缆故障分类

电缆主要由线芯、主绝缘、金属护层（部分低压电缆无金属护层）与外绝缘护层组成，根据电缆绝缘类型进行分类，电缆故障被分为主绝缘故障与护层故障两大类。

（1）主绝缘故障。主绝缘故障是指因各种原因使电缆线芯主绝缘的绝缘性能降低，达不到电缆正常运行标准的现象。各种电压等级、各种结构类型的电缆都会发生主绝缘故障。大部分的电缆故障基本都指主绝缘故障，上述电缆故障产生原因的分析，也是分析的主绝缘故障产生原因。

（2）护层故障。护层故障是指单芯中高压电缆外绝缘护层降低，达不到电缆运行标准的现象。随着高速铁路上 10kV 贯通自备线与 35kV 电缆线大量采用有金属护层的单芯电缆，护层故障就不只针对高压电缆了，单芯中压电缆上也会发生护层故障。

一段单芯电缆金属护层出现两点及以上接地时，金属护层中感应的环流可达线芯电流的 50%～95%，感应电流所产生的热损耗会极大地降低电缆的载流量，并加速电缆主绝缘的电−热老化，大幅缩短电缆的使用寿命。更为严重的是，环流会使护层故障点发热着火，引起主绝缘击穿事故及电缆通道着火等特大安全事故。

3.3.2 电缆故障探测步骤

一旦电缆线路发生故障，故障测试人员通常需要通过选择合适的测试方法和适当的测试仪器，依照正确探测步骤探寻故障点。

针对主绝缘故障与护层故障，电缆故障探测一般包括故障诊断、故障测距、故障定点三大基本探测步骤。

1. 故障诊断

电缆故障诊断是了解电缆情况，明确故障类型并诊断故障性质的过程。

（1）了解电缆情况。了解电缆情况的目的是为尽可能提前做到心中有数，电缆情况知道得越清楚，故障越易于查找。其步骤如下：

1）了解电缆的电压等级，以及是多芯统包电缆还是单芯电缆，明确电缆发生的是主绝缘故障还是护层故障。

2）了解电缆全长、路径、敷设方式、中间接头的数量及大致位置。如为直埋敷设，须知道电缆中间接头是否有接头井？电缆接头发生主绝缘故障或接头附件发生护层故障的概率较大，若知接头的具体位置，对故障查找会非常有利。若直埋敷设的电缆，中间接头也是直埋，路径与中间接头大致位置也不清晰，则故障探测所要准备的设备须更齐全，故障查找相对困难，需用的时间也可能会更长一些。

3）若电缆发生的是主绝缘故障，则还需了解是运行过程中发生的故障，还是耐压试验过程中发现的故障。若为运行过程中发生的主绝缘故障，故障点处常常烧损严重，为开放性的故障，加高压击穿故障点时，放电声音较大，易于故障的精确定位，开挖出电缆时，故障点可看见，比较容易查找。若为试验过程中发现的故障，一般为接头内部的封闭性故障，故障精确定点会比较困难，查找过程相对曲折。抵达现场后，巡视电缆路径上有无施工动土现象，了解与两个终端头及其相关设备情况，明确两个终端头的位置，哪端有电源？哪端更便于测试等。实际上，一半以上的电缆主绝缘故障是由外力破坏引起的，其中大部分又是在电缆受破坏的同时，电缆线路就发生了停电事故，在电缆路径上巡视时就可以发现这些破坏点，不需要动用测试设备。

（2）诊断故障性质。对于经路径巡视不能发现的电缆主绝缘故障，则需把电缆从系统中拆除，使电缆彻底独立出来，两终端不要连接任何其他设备，用测试仪器探测故障点。探测故障前须将电缆两端终端头同其他相连的设备断开，擦拭干净终端头的套管，排除外界环境可能造成的影响，再进行进一步测试。

主绝缘故障探测第一步为故障性质诊断，所用设备主要有绝缘电阻测试仪、万用表及耐压试验设备，通过这些设备对电缆顺次进行通断试验、绝缘电阻测量、耐压试验后，诊断电缆的故障性质？电缆主绝缘故障性质可分为开路故障、低阻（短路）故障、高阻故障和闪络性故障。

1）开路（断线）故障。电缆导体有一芯（或数芯）不连续。在实际测量中发现，除电缆的全长开路外，开路故障一般同时伴随着高阻或低阻接地现象，单纯开路而不接地的现象几乎没有。

开路故障的诊断步骤与方法：在测量对端将各线芯短路，用万用表的电阻档分别测量两相之间的电阻，判断线芯的连续性，检查电缆是否存在开路现象。

在进行主绝缘故障性质诊断时，宜先进行电缆的通断试验，因该步骤具有可判断位于两地的两只电缆终端是否确为同一条电缆的两端。电缆双端的核对，虽然在故障测试前通过核对铭牌的方式校对过，但为防万一，通过电缆的通断试验再次校对，也是必需的。

2）低阻（短路）故障。电缆导体一芯（或数芯）对地绝缘电阻或导体芯与芯之间的绝缘电阻低于 200Ω，一般常见的故障有单相、两相或三相短路或接地。

低阻故障的判定是在绝缘电阻测量步骤中进行的。通断试验后，用绝缘电阻测试仪测量电缆各相线芯对地、对金属屏蔽层和各线芯间的绝缘电阻。如果阻值过小，绝缘电阻测试仪显示基本为零值时，改用万用表进一步测量，经万用表测量低于 200Ω 的故障，诊断为低阻故障，而绝缘电阻大大低于正常值但高于 200Ω 的故障，则诊断为高阻故障。当电缆的故障线芯对地或线芯之间的绝缘电阻达到几十兆欧甚至于更高阻值时，可考虑电缆有闪络性故障存在的可能。

3）高阻故障。又称为高阻泄漏性故障，即电缆导体有一芯（或数芯）对地绝缘电阻或线芯与线芯之间的绝缘电阻大大低于正常值但高于 200Ω，且导体连续性良好。一般常见的有单相接地、两相或三相高阻短路并接地。

（3）闪络性故障。又称高阻闪络性故障，这类故障绝缘电阻很高，用绝缘兆欧表不能被发现，大多数在预防性耐压试验时发生，并多出现于电缆中间接头或终端头内，有时在接近所要求的试验电压时击穿，然后又恢复，有时会连续击穿，间隔时间数秒至数分钟不等。

在故障探测过程中，上述四类故障会相互转化，特别是闪络性故障最不稳定的，随时会转化为高阻故障。用直闪法测试这类故障时，测试人员应密切注意直流高压信号发生器的工作状态，适时转换高压信号发生器的高压输出方式，以防烧坏高压发生器。

2. 故障测距

故障测距又称为粗测或预定位，是指在电缆的一端使用故障测距仪器测量电缆故障点的距离。电缆故障测距方法有行波法与电阻法两大类。

行波法主要用于电缆主绝缘故障的测距。因行波是在两条平行的金属导体之间进行传输，而护层故障的主体是金属护层对大地，只有一个金属导体，所以行波法不能测量护层故障的距离，护层故障测距只能选用电阻法。

3. 故障定点

故障定点又称故障精确定位，主要有声测法（冲击放电声测法）、声磁同步法（声磁信号同步接收法）、音频信号法（音频电流信号感应法）与跨步电压法四种方法。

声磁同步法是目前最先进、可靠性与精度最高的方法，直埋电缆的主绝缘故障精确定点首选声磁同步法。对于用声磁同步法探测不到精确位置的死接地（金属性短路接地）故障，可选用音频信号感应法或跨步电压法等方法进行精确定位。直埋高压电缆护层故障的精确定位选用跨步电压法，对于非直埋敷设的高压电缆，为提高探测效率，护层故障精确定位可选用脉动电流信号分段法进行分段，再小范围内巡视故障点。

4. 路径探测

对于路径不明的电缆，需要先探测电缆的路径，再进行故障精确定位。常用的路径探测方法有音频信号感应法、脉冲磁场方向法与脉冲磁场幅值法三种。单独使用的电缆路径仪，包括地下金属管线探测仪（简称管线仪），选用的是音频信号感应法。脉冲磁场方向法与脉冲磁场幅值法一般与故障精确定点同步使用，主要为了避免定点仪偏离电缆路径，其电缆路径设备一般也和故障定点仪组合在一起。

在实际工作时，电缆的路径探测是一个相对独立的过程，可以在故障测距后进行，也可以在抵达故障现场后测试准备阶段时进行，以节省探测时间。

3.3.3 电缆故障测距方法

故障测距是测量从测试端到故障点的电缆线路长度。测试方法主要有行波法与电阻法两大类。目前在电缆故障测距方法中，行波法应用较多。行波法又称脉冲法，主要有低压脉冲法、二次脉冲法等。

1. 低压脉冲法

低压脉冲法又称雷达法，主要用于测量电缆的开路和低阻短路故障的距离，还可用于测量电缆的全长、波速度和识别定位电缆的中间头、T形接头等。

（1）基本原理。在测试时，在电缆一端通过仪器向电缆中输入低压脉冲信号，该脉冲信号沿着电缆传播，当遇到电缆中的波阻抗变化（不匹配）点时，如开路点、低阻短路点和接头点等，该脉冲信号就会产生反射，并返回到测量端被仪器接收并记录下来，低压脉冲反射原理图如图 3-20 所示，通过检测反射信号和发射信号的时间差，测得阻抗变化点的距离。因高阻和闪络性故障点阻抗变化太小，反射波无法识别，低压脉冲法对高阻故障和闪络性故障不适用。

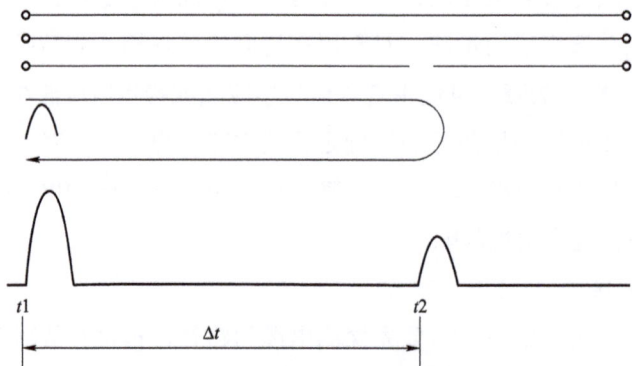

图 3-20 低压脉冲反射原理图

从仪器发射出发射脉冲，到仪器接收到反射脉冲的时间差 $\Delta t = t2 - t1$，即脉冲信号从测试端到阻抗不匹配点往返一次的时间为 Δt，假设脉冲电磁波在电缆中传播的速度为 v，根据 $L = v\Delta t/2$ 可计算出阻抗不匹配点距测量端的距离。

v 是电磁波在电缆中传播的速度，简称为波速度；理论分析表明，波速度只与电缆的绝缘介质的材质有关，而与电缆芯线的线径、芯线的材料以及绝缘厚度等都没有关系。目前采用的大部分电缆为交联聚乙烯或油浸纸电缆，油浸纸电缆的波速一般为 160m/μs，而对于交联电缆，由于交联度、所含杂质等有所差别，其波速度也不太一样，一般在 170～172m/μs 之间。

（2）反射波的方向与故障距离测量。假设前行电压波为 U_{1q}，正常电缆的波阻抗为 Z_1，故障点的等效波阻抗为 Z_2，行波从 Z_1 向 Z_2 传播，反射电压波为 U_{1f}，由行波反射理论可知

$$U_{1f} = (Z_2 - Z_1)U_{1q}/(Z_2 + Z_1) = \beta U_{1q} \qquad (3-7)$$

$$\beta = (Z_2 - Z_1)/(Z_2 + Z_1) \qquad (3-8)$$

式中　β——电压反射系数。

显然，当电缆开路时，Z_2 趋向于无穷，β 趋近于 1，波形发生正全反射，入射波与反射波同方向。如果仪器向电缆中发射的脉冲为正脉冲，其开路反射脉冲则也是正脉冲，开路波形如图 3-21 所示。

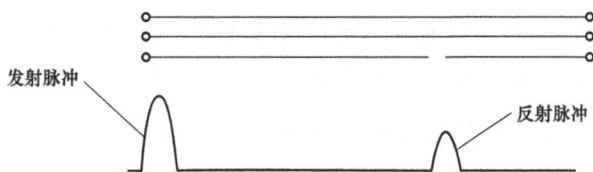

图 3-21　开路波形

当电缆发生低阻短路或低阻接地故障时，由于 $Z_2 < Z_1$，反射系数 β 将小于零，这时，入射波将与反射波方向相反，并且反射波的绝对值小于入射波的绝对值。显然，如果仪器向电缆中发射的脉冲为正脉冲，其短路反射脉冲则是负脉冲，短路或低阻波形如图 3-22 所示。

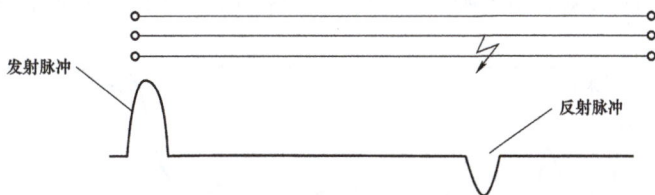

图 3-22　短路或低阻波形

图 3-23 所示的是一个低压脉冲法实测波形。在测试仪器的屏幕上有两个光标：一个是实光标，一般把它放在屏幕的最左边（测试端），设定为零点；另一

个是虚光标，把它放在阻抗不匹配点反射脉冲的起始点处。这样在屏幕的右上角，就会自动显示出该阻抗不匹配点离测试端的距离。

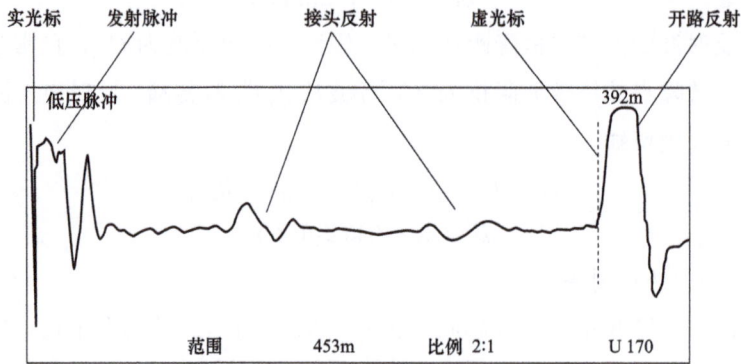

图 3－23　低压脉冲法实测波形

一般的低压脉冲反射仪器依靠操作人员移动标尺或电子光标，来测量故障距离。由于每个故障点反射脉冲波形的陡度不同，有的波形比较平滑，实际测试时，往往因不能准确地标定反射脉冲的起始点，从而增加了故障测距的误差，所以准确地标定反射脉冲的起始点非常重要。

实测时，电缆线路结构可能比较复杂，存在着接头点、分支点或低阻故障点等；特别是低阻故障点的电阻相对较大时，反射波形比较平滑，其大小可能还不如接头反射，更使得脉冲反射波形不太容易理解，波形起始点不好标定，对于这种情况可以采用低压脉冲比较法测量。通过故障导体测得的低压脉冲波形与通过良好导体测得的低压脉冲反射波形进行比较，波形明显分歧处既为故障点的反射。

低压脉冲法实测低阻故障波形如图 3－24 所示。从图 3－24 中可以看出，在

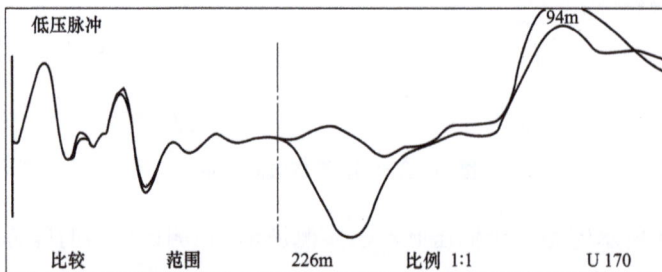

图 3－24　低压脉冲法实测低阻故障波形

故障点之前，良好导体波形与故障导体的波形基本重合，从虚光标所在位置开始，两个波形出现明显分歧，该处既是低阻故障点，距离为94m。

2. 二次脉冲法

二次脉冲法是近些年来出现的一种比较先进的测试方法，是基于低压脉冲波形容易分析、测试精度高的情况下开发出的测距方法，主要用于电缆高阻故障和闪络性故障的测距，其实质是低压脉冲法。

二次脉冲法测试原理接线图如图3-25所示。

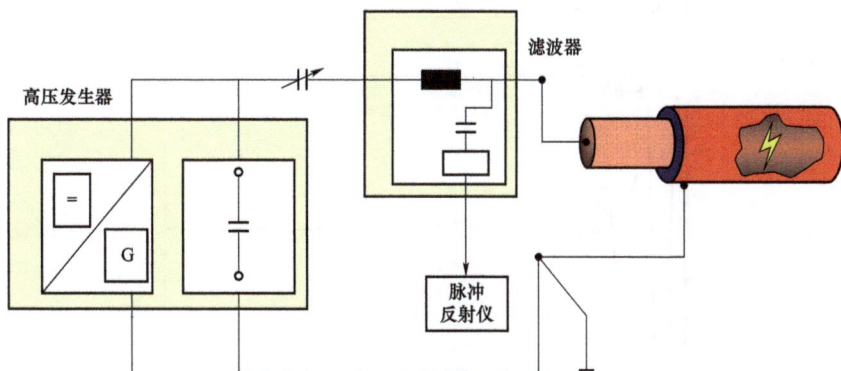

图 3-25 二次脉冲法测试原理接线图

二次脉冲法的测距原理是先用高压信号击穿高阻或闪络性故障点，故障点击穿时会出现弧光放电，由于电弧电阻很小，只有几个欧姆，在燃弧期间原本高阻或闪络性的故障变为低阻短路故障，此时用低压脉冲法测试，故障点处就会出现短路反射波形（称之为带电弧低压脉冲反射波形），如图3-26（a）所示。

在高压电弧熄灭后或者故障点击穿前，电缆故障点处于高阻状态，此时用低压脉冲法测试，因对于低压脉冲来说高阻故障就和没故障一样，低压脉冲在故障点处没有反射，这个波形称之为不带电弧低压脉冲反射波形，如图3-26（b）所示。

将带电弧低压脉冲反射波形与故障点击穿前或电弧熄灭后的不带电弧低压脉冲反射波形同时显示在显示器上，进行比较，如图3-26（c）所示，两波形在故障点处出现明显差异点，把虚光标移动到两波形的分叉点处，显示的440.3m

就是故障距离。

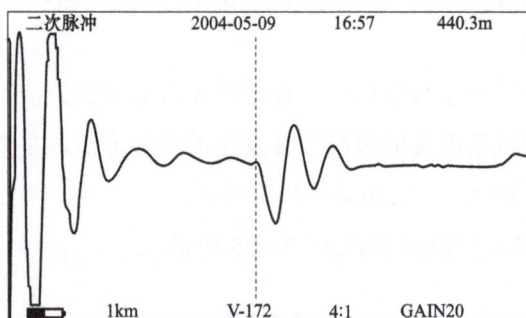

(a)

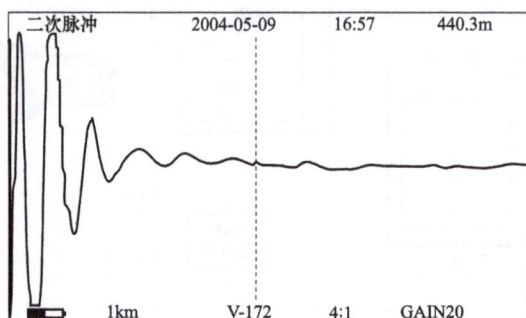

(b)

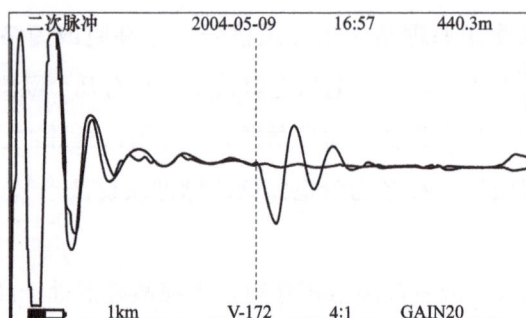

(c)

图 3－26　二次脉冲波形图形

（a）带电弧低压脉冲反射波形；（b）不带电弧低压脉冲反射波形；（c）波形比较

　　从图 3－26 中可以看出，二次脉冲法测得的波形简单，易于识别。但由于采用二次脉冲法测试时，故障点处必须存在一段时间较为稳定的电弧，对于部分高阻故障来说，这个条件很难达到，无法获得二次脉冲反射波形，所以较之闪络回波法来讲，用二次脉冲法测试成功的比例要小一些，大约有 30%的高阻故障，闪络回波法可以测试，但二次脉冲法不能。

3.3.4 电缆故障定点方法

测得电缆故障距离后，先根据电缆的路径走向，判断出故障点大致方位，再通过故障定点仪器到该方位处探测故障点精确位置。以下介绍两种常用故障定位方法，即声测法和声磁同步法。

1. 声测法

经高压信号发生器向故障电缆中施加高压脉冲信号后，一般故障点会产生放电声音信号。测试人员用耳朵监听故障点放电的声音信号，或者用眼睛看故障点放电的声音信号所转换的可视信号，通过判断故障点放电声音的大小找到故障点的方法称为声测法。

对于直埋的电缆，故障点放电时产生的机械振动传到地面，通过震动传感器和声电转换器，在耳机中便会听到"啪、啪"的放电声音；对于通过沟槽架设的电缆，把盖板掀开后，用人耳直接就可以听到放电声。

很显然，声测法比较容易理解与掌握，可信性也较高。但用声测法探测电缆故障，也有其一定的缺点。

（1）受外界环境影响较大。在实际测试中，外界环境噪声的干扰很大，使人很难辨认出真正的故障点放电声音，有时为了排除外界噪声干扰，需要夜深人静时才能测试。

（2）受测试人员的经验和测试心态影响较大。因为声测法需要用人的耳朵去听放电声音，测试人员的经验和耳朵分辨声音的灵敏度成为能否找到故障点的关键。在实际测试时，测试人员远离高压放电设备后，往往因长时间听不到故障点的放电声音，心情浮躁，会怀疑高压设备已停止工作，或怀疑已经偏移了电缆路径而使故障定点工作不能继续进行。

2. 声磁同步法

目前，对于加高压后能产生放电声音的故障，最先进的定点方法是声磁同步法。经高压信号发生器向故障电缆加脉冲高压信号使故障点放电时，故障点处除了发出放电声音信号，同时放电电流会在电缆周围产生脉冲磁场信号。由于磁场信号是电磁波，传播速度极快，从故障点传播到仪器传感器探头放置处所用的时间可忽略不计，而声波的传播速度则相对较慢，传播时间为毫秒级，同一放电脉冲产生的声音信号和磁场信号传到探头时会有一个时间差，称为声磁时间差。

用传感器同步接收故障点放电产生的脉冲磁场信号与声音信号，测量出两个信号传播到传感器的声磁时间差，通过判断声磁时间差的大小探测故障点精确位置的方法叫声磁同步接收定点法简称声磁同步法。

声磁时间差的大小即代表故障点距离的远近，找到时间差最小的位置，即为故障点的正上方，换句话说，此时传感器所对应的正下方即为故障点。注意：由于周围填埋物不同与埋设的松软程度不同等原因所致，很难知道声音在电缆周围介质中的传播速度，所以不太容易根据磁、声信号的时间差，准确地知道故障点与探头之间的距离。

同声测法一样，声磁同步法可以测试除金属性短路以外的所有加脉冲高压后故障点能发出放电声音的故障。所不同的是，用声磁同步法定点时，除了接收放电的声音信号外，还需接收放电电流产生的脉冲磁场信号。

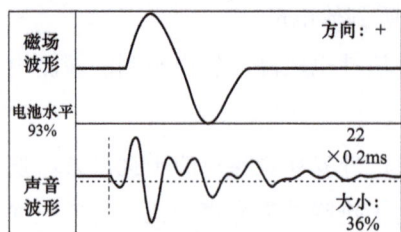

图 3-27　声磁同步法定点的液晶显示

通过感应线圈和震动传感器，用现代微电子技术可以把脉冲磁场信号和声音信号记录下来，并可把声音信号波形和磁场信号波形显示在同一屏幕上。声磁同步法定点的液晶显示如图 3-27 所示，液晶上半部分显示磁场波形，下半部分显示声音波形，通过磁场波形的正负查找电缆的路径，使测试人员定点时不至于偏离电缆。由于在接收到脉冲磁场后和接收到放电声音前的这段时间内，外界是相对安静的，这段时间内的声音波形近似为直线，直线的长度就代表时间差的长短。在如图 3-27 中，放电声音波形的前面的（虚线光标左边的）直线部分代表的就是声磁时间差，通过比较这段直线的长短就可以查找到故障点；这段直线最短时，探头所在位置的正下方就是故障点。

声磁同步法定点时磁场正负与声磁时间差的显示如图 3-28 所示，图 3-28（a）所示的磁场波形为负，图 3-28（b）所示的磁场波形为正，说明这两次传感器放置的位置分别在电缆的不同侧。同时可以看出，图 3-28（a）所示的声音波形前的直线段较长，说明图 3-28（a）所对应的传感器比图 3-28（b）所对应的传感器离故障点远一些。

　　声磁同步法定点的精度与可靠性很高,定点误差可达 0.1m 以内。但用这种方法定点时,高压信号发生器的接线一定要注意:高压应加在故障相与金属护层之间,金属护层两端接地;对于有金属护层的低压电缆发生相间故障时,要把其中一相两端与金属护层连接,然后金属护层接地,否则定点时,可能会没有磁场。

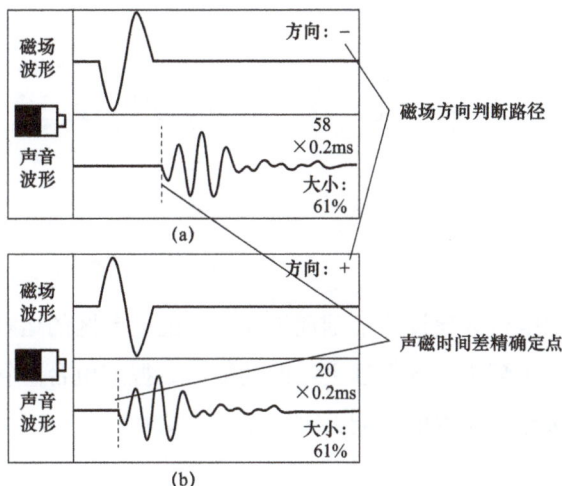

图 3-28　声磁同步法定点时磁场正负与声磁时间差的显示

(a) 负磁场离故障点较远;(b) 正磁场离故障点较近

模块小结

　　通过本模块学习,重点掌握电缆故障原因及分类、电缆故障测距方法,能够掌握低压脉冲法测量故障距离的方法和步骤,并对电缆故障定点方法有所了解。

思考与练习

　　1. 低压脉冲法的原理是什么?

　　2. 电缆故障测距用到哪些工器具?

　　3. 电缆故障探测的步骤有哪些?

配电台区及设备运维检修

》 4.1 配电台区建设 《

模块说明

本模块介绍配电台区建设的基础理论知识，配电台区的运行监视以及组成，通过要点介绍，熟悉配电台区管理主站的功能，掌握配电台区管理系统的组成，掌握智能配电台区建设实现的功能。

正　文

配电网是电力系统电能发、输、变、配四大必不可少环节中最后一个向用户供电的环节，而配电变压器（简称配电变压器）则是配电网中将电能直接分配给低压用户的电力设备，是中压（35kV）、低压（10kV）配电网与用户 380/220V 配电网的分界点。配电台区是指由配电变压器、配电变压器低压侧馈电线路及该配电变压器所供给的用户群组成的区域。公用配电变压器台区和专用配电变压器台区是电力企业向用户销售电能产品最基本的单元，电力网中的电能绝大部分都由无数个这样的台区供给用户。

4.1.1　配电台区管理

配电台区管理以配电变压器台区为对象，对该配电变压器台区的安装地点、容量、投产日期、供给的上级变压器、供给线路、供给用户及其用电性质等进行有效的管理，为电力运营提供准确而快捷的现代化查询手段。通过建立完整、规范的用户档案，可准确掌握配电变压器台区用户异动情况。

1. 配电变压器的运行监视

通过对配电变压器运行情况的实时监视，一是可使生产运行人员及时主动地了解配电变压器本身的运行情况，防止因配电变压器负荷严重超载导致的烧毁和因三相负载严重不平衡导致的配电变压器加速损坏，并可及时地了解由于配电变压器负荷很轻导致的不经济运行状态等，从根本上改变以往预先不知道哪里会出问题，出了问题由用户、变压器值班员电话通知或调度自动化系统报警的被动局面；二是运行监视的数据可以作为历史资料保存，以便今后随时查阅。

2. 低压用户集中自动抄表

由于实行"两改一同价"，大力推广"一户一表"改造，用户的数量猛增，传统的人工抄表方式不仅工作量大，而且及时性、可靠性差，存在人为因素产生的误抄、漏抄，甚至虚抄现象。一般以配电变压器台区为一个抄表区，集中器就安装在配电变压器台区的附近，抄表主站采用租用的公众电话交换网获取集中器中的用户电量。通过台区管理系统与低压用户集中自动抄表系统接口，不仅可节省一个通信通道，完成同样的功能，而且可将用户的用电数据与台区的运行数据融为一体管理，避免多套系统的存在造成用户资料的不同和主站计算机系统投资上的浪费。

4.1.2　配电台区管理系统

1. 配电台区管理系统组成

配电台区管理系统组成如图 4-1 所示，一般包括三大部分：

（1）配电台区管理主站。

（2）电话交换网、GPRS、无线数传电台等通信通道。

（3）配电变压器终端（transformer terminal unit，TTU）。

2. 配电台区管理主站功能

（1）管理功能。

1）配电台区配电变压器资料管理。以全局为单位，将所有配电变压器台区名称、所属变压器、所属线路、地理位置、配电变压器型号等参数录入计算机，在计算机中建立所有配电变压器台区的档案资料。

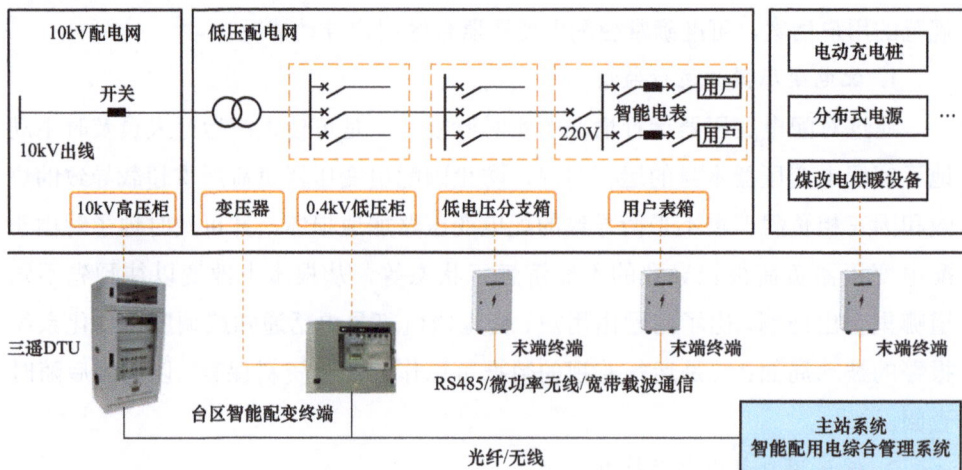

图 4-1　配电台区管理系统组成

2）配电台区用户资料管理。以配电变压器台区为单位，将该配电变压器台区所有用户名称、用户容量、电能表型号、用电性质等用户资料录入计算机，在计算机中建立某台区所有用户的档案资料。

（2）通信功能。通信是配电台区管理主站获取配电变压器监控终端和其他智能电子设备数据的手段，见图 4-2。考虑用户的不同需求，主站的通信功能应能满足如下要求：

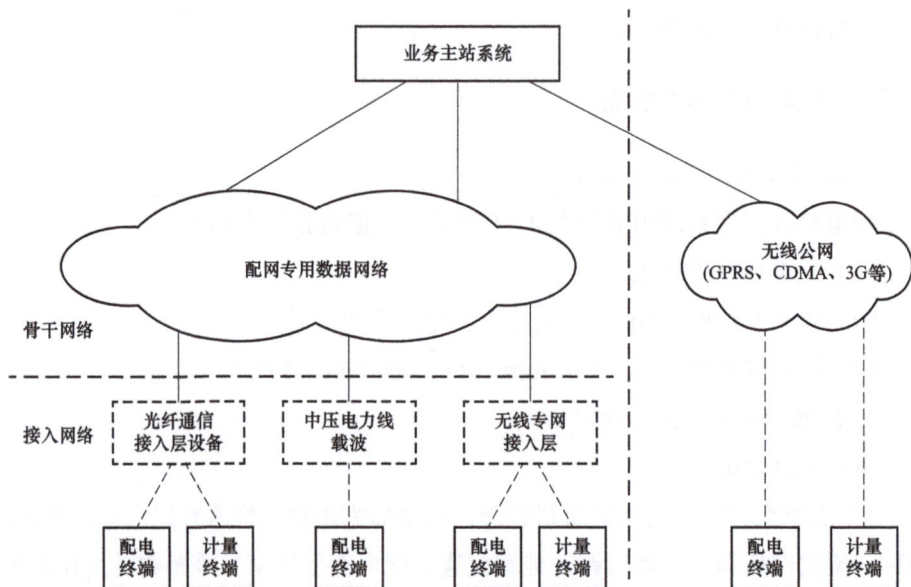

图 4-2　主站的通信功能

1）能适应多种不同类型的信道，如适应有线、公用电话交换网、GPRS、无线数传电台等方式。

2）能支持多种通信规约，支持负荷管理通信规约，配电变压器监控终端通信规约，支持采集多种电子式或机电一体化智能表。

3）通信速率、奇偶校验位均可软件设定。

（3）数据收集功能。数据收集功能一般采用随机巡测和定时巡测相结合的方式来收取各配电变压器终端的实时数据和历史数据。台区智能终端见图 4-3。

1）随机巡测功能。用电和生产管理人员在主站可随机巡测某台配电变压器终端的实时遥测数据、历史遥测数据以及按日、按月进行的统计数据。

2）定时巡测功能。用电和生产管理人员在主站可按设定的时间自动地巡测某台配电

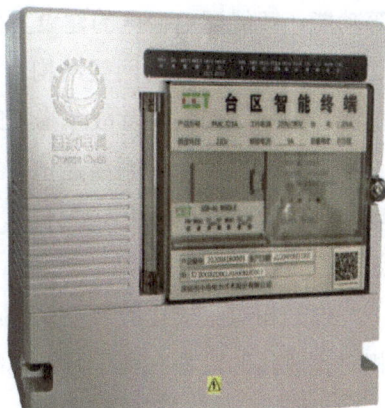

图 4-3　台区智能终端

变压器终端的实时遥测数据、历史遥测数据以及按日、按月进行的统计数据。

3）配电变压器监控终端事件接收功能。可随机接收各配电变压器监控终端的各种事件。

3. 配电台区管理系统通信

配电台区管理系统与电网调度自动化系统十分类似，只不过调度自动化主站系统就是配电台区管理主站系统，远动终端（RTU）就是配电变压器终端（TTU）。但前者与后者由于各自的监控对象、完成任务、实时性要求的不同，对通信的技术要求也就不同。

（1）由于配电变压器监控终端具备历史数据的存储功能，因此，其数据的实时性要求不必太高，也不必每一个配电变压器监控终端时时占用一个通道与配电变压器台区管理主站通信。

（2）要具备选点召测的通信功能。虽然不必时刻通信，但当管理人员要查看某配电变压器监控终端的当前运行情况时，该配电变压器监控终端要能将当前的实时数据立即传送上来。

（3）对会严重威胁配电变压器正常运行的某些告警信号，又要求及时地上

传至配电变压器台区管理主站。

4.1.3　智能配电台区建设

智能配电台区建设主要是将台区的信息进行检测，及时地采集信息，开展电能质量管理。集中反映安全生产管理、成本投入情况、损耗情况、监测报警等功能，智能配电台区的建设主要实现以下功能：

（1）建设合理的网架结构，配电台区具有清晰的脉络及分层，能满足远程检测、控制、调整以及故障修复的简便的要求。

（2）建立高效的网络通信，智能化配电台区需要高效的通信网络设施，实现配电台区信息的采集、上传、分析、告警等功能，保证配电台区的安全、高效运行。

（3）相对集成化的智能设备，农村配电台区受台区现状及征迁等因素影响，相对集成化的设备有利于智能化配电台区的建设。

模块小结

通过本模块学习，重点掌握如何科学地对配电网进行管理，智能配电台区建设的要求和功能，使配电网更加安全、经济、可靠地运行。

思考与练习

1. 配电台区管理系统由哪几部分组成？
2. 配电台区管理主站有哪些功能？
3. 智能配电台区的建设主要实现哪些功能？

≫ 4.2　柱上变压器巡视检修 ≪

模块说明

本模块介绍柱上变压器的选择依据、安装基本要求、安装方式及要求。通过要点介绍，熟悉变压器的运行状态，掌握变压器的日常巡视、特殊巡视检查内容。

正　文

柱上变压器（见图 4-4）一般采用油浸自冷式三相或单相变压器，视其容量大小采用单杆或双杆安装。安装位置的选择，变台应处于负荷中心附近，且便于变台、开关的安装和更换检修操作，不宜安装于转角杆、分支杆、没有接户线或电缆头引出线的电杆及交叉路口的电杆。

图 4-4　柱上变压器

4.2.1　选择依据

配电台区公用变压器应按短半径、小容量、低损耗的原则进行建设和选择。选择变压器型号时，应以优先选择低损耗变压器为原则，如 S11 系列变压器（见图 4-5）、非晶合金变压器等。

节能型变压器是采用新材料、新结构、新工艺制造的变压器，其空载损耗比一般低

图 4-5　S11 系列变压器

效变压器小，其原因是：

（1）选材好。铁芯材料采用优质冷轧晶粒取向硅钢片，单位损耗低。

（2）新工艺。铁芯硅钢片采用 45° 全斜接缝，铁芯不宜采用黏带绑扎结构。

（3）新结构。绕组采用酚醛漆包线，圆筒式，铁芯尺寸小，绕组直径也小，使变压器负荷损耗降低。

4.2.2　安装要求

（1）柱上变压器的安装应遵循小容量、多布点的原则，台架安装宜靠近负荷中心；使低压供电线路功率损耗和线路电压降减少。装设地点应便于维修，并要避免安装在转角杆和分支杆等装杆复杂的地方。

（2）变压器安装前应经过试验合格，检查并核实变压器的出厂合格证书、说明书、试验合格报告书，并对变压器的外观进行检查。外观检查的内容包括：① 高、低压套管表面是否光滑，有无裂纹和放电痕迹，顶盖和套管各部位的螺钉是否紧固；② 分接开关的调整是否灵活，接触是否良好、有无卡阻现象；③ 油浸变压器装有无玻璃管油位计或磁针式油位计，油位、油色是否正常，油标有无堵塞、破裂现象。此外，安装前后还应进行绝缘电阻测试，判断是否合格。

（3）配电变压器应装设低压熔断器或配电箱（柜），以防止二次侧短路或过载而损坏变压器，二次侧的熔丝或配电箱（柜）的保护定值按照额定电流及负荷特点选择配置。

（4）配电变压器应装设高压熔断器或断路器作为变压器内部的保护，并作为二次侧短路的后备保护，也便于变压器检修时进行投退的操作。变压器容量在 100kVA 以下的变压器，一次侧熔丝按照额定电流的 2～3 倍选择，容量在100kVA 以上的变压器，一次侧熔丝按照额定电流的 1.5～2 倍选择。

（5）变压器外壳、低压侧中性点、避雷器（有装设时）的接地端必须连在一起，通过接地引下线接地，接地电阻符合要求。

4.2.3　安装方式及技术要求

1. 安装方式

柱上变压器是将变压器安装在由线路电杆组成的变压器台架（变台）上，

可分为单杆式变台和双杆式变台。柱上变压器具有施工安装、运行维护简单方便的优点，因此在配电网中最为常见，变压器容量一般应控制在 400kVA 及以下。

变压器台架应尽量避开车辆、行人较多的场所，便于变压器的运行与检修，在下列电杆上不宜装设杆上变压器：转角、分支电杆，装有线路开关的电杆，装有高压进户线或高压电缆的电杆，交叉路口的电杆，低压接户线较多的电杆。

（1）单杆柱上变压器。将变压器安装于由一根线路电杆组装成的变台，适用于容量在 30kVA 及以下的变压器。通常在离地面 2.5～3m 的高度处，装设 100mm×100mm 双木横担或角铁横担作为变压器的台架，在距台架 1.7～1.8m 处装设横担，以便装设高压绝缘子、跌落式熔断器及避雷器。

（2）双杆柱上变压器。将变压器安装于由两根线路电杆组装成的变台，适用于容量在 30kVA 以上的变压器。它通常在距离高压杆 2～3m 远的地方在另立一根电杆，组成 H 型变台，在离地 2.5～3m 高处用两根槽钢搭成安放变压器的架子，杆上还装有横担，以便安装户外高压跌落式熔断器、高压避雷器和高低压引线，如图 4-6 所示。

图 4-6 双杆柱上变压器

2. 安装技术要求

（1）柱上变压器安装应牢固可靠，台架距地面高度不小于 2.5m，坡度不大于 1%，变压器应固定于台架上，柱上变压器台架安装要求见图 4-7。通常变压器安装在 10kV 线路的某一处电杆上，该处电杆可以是直线杆，也可以是终端杆。在新安装变压器台时，要考虑此处的横担和绝缘子等；若在原有的电杆上安装，此处的横担和绝缘子等可以不予考虑。

（2）柱上变压器的高低压引下线及母线可采用多股绝缘线，高压引线铜芯不得小于 16mm²，铝芯不得小于 25mm²，高低压套管应加装绝缘防护罩。高压引下线、高压母线以及跌落式熔断器等之间的相间距离不得小于 300mm，高、低压引下线间的距离不得小于 150mm。

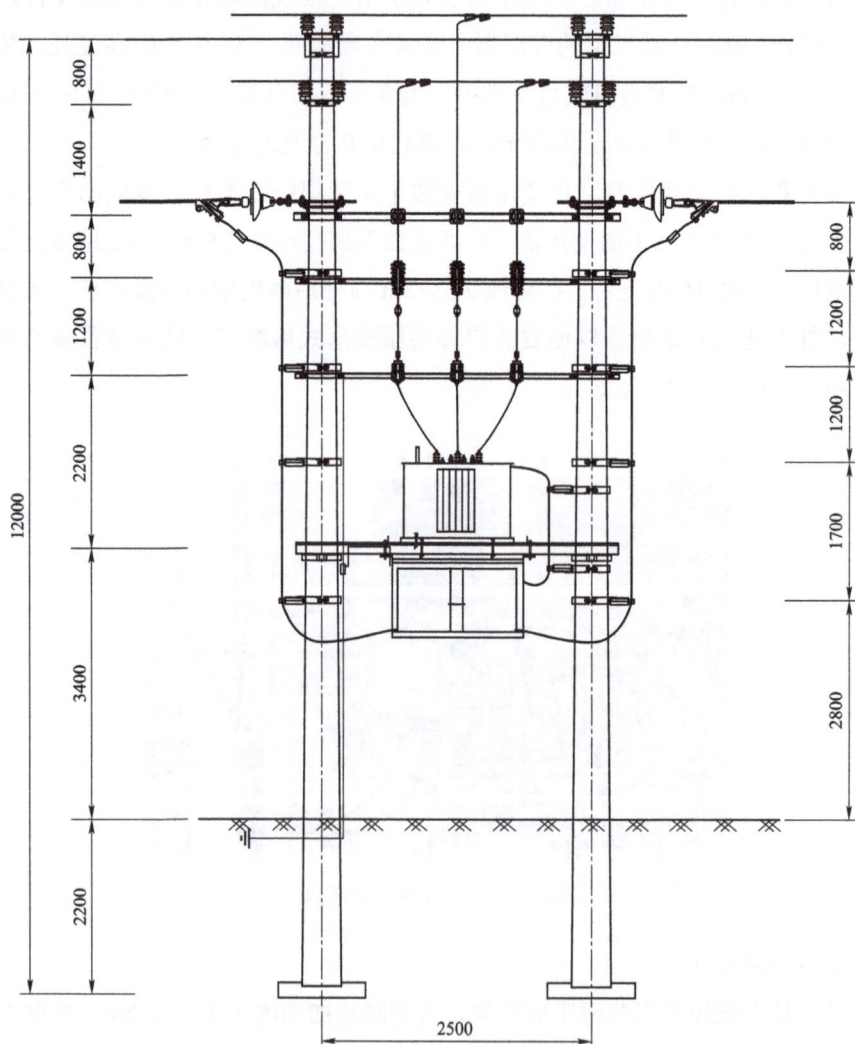

图 4-7　柱上变压器台架安装要求

（3）由于柱上变压器台架需要操作并配有短路保护（又称过电流保护），在10kV 导线和变压器之间应设置一套 10kV 跌落式熔断器，熔断器的元件（即熔丝）应按规定选择。连接跌落式熔断器和变压器的连线采用 10kV 绝缘导线，在引线的合适位置（按图纸要求）安装一套 10kV 避雷器，作为高压侧的过电压保护。变压器高、低压侧应分别装设高压避雷器和低压避雷器，高压避雷器应尽量靠近变压器。

（4）柱上变压器安装在槽钢上，用螺栓固定；根据低压相位要求来考虑变压器接线柱的具体位置，当线路与道路平行时，高压引线应放置在道路的内侧。变压器低压出线由其低压绝缘引线和低压闸刀熔丝箱（俗称低压开关）组成，熔丝规格应按要求选取；在引线的合适位置（按图纸要求）安装一套 0.4kV 避雷器，作为低压侧的过电压保护。引线与 0.4kV 的低压线路应用符合要求的接续金具连接。

（5）柱上变压器台架应设置变压器名称及运行编号的标志以及安全警示标志。

4.2.4 巡视与维护

1. 柱上变压器的巡视

柱上变压器的巡视是为了掌握变压器的运行状况，及时发现设备缺陷及威胁线路安全运行的隐患，并采取一切手段消除缺陷，从而保证设备的安全运行。根据巡视检查目的不同、重点不同，分为定期巡视、特殊巡视、夜间巡视、故障巡视和监察巡视五类，巡视内容及周期见表 4-1。

表 4-1　　　　巡 视 内 容 及 周 期

种类	内容和目的	周期
定期巡视	由专职巡线员进行，掌握线路的运行状况及沿线环境变化情况，并做好护线宣传工作	市区中压线路每月一次，低压线路，郊区及农网中压线路每季至少一次性巡视
特殊巡视	在气候恶劣、河水泛滥、火灾和其他情况下，对线路的全部或部分进行巡视或检查	视需要而定
夜间巡视	在线路高峰负荷或阴雾天气进行，检查导线接头接点有无发热打火现象，绝缘子表面有无，检查木横担有无燃烧现象等	视需要而定，对于重负荷线路和污秽地区线路，每年至少一次

种类	内容和目的	周期
故障巡视	查明故障发生的地点和原因，根据故障情况，主要巡视导线有无混线、烧伤或断线，绝缘子有无破碎、放电烧伤，电杆、拉线等有无损坏或其他外力破坏迹象	通常在故障发生后
监察巡视	由部门领导和线路技术人员进行，目的是了解线路和设备状况，并检查、指导巡线员工作	对于重要线路和事故多发的线路，每年至少一次巡视

（1）定期巡视（见图4-8）。柱上变压器的定期巡视应与配电线路同时进行，定期巡视的目的是掌握变压器的运行状况和周围环境的变化，并做好反外力破坏的宣传工作。发现的缺陷，在规程允许的情况下，能处理的立即处理，不能处理的做好记录，并向上级汇报。巡视检查应包括以下内容：

1）变压器台架有无倾斜、下沉现象，有无搭落金属丝、树枝、杂草等物，有无藤萝附生，周围有无影响安全运行的障碍物。

2）警告牌及标志牌字迹是否清楚，有无丢失。

3）变压器附件有无焦糊和异常气味。

4）变压器外壳是否清洁，有无渗油、漏油。

5）变压器储油柜上的油标是否完好，油标内的油面是否保持在不低于 1/2 不超过2/3 处，变压器油是否清亮。

6）套管有无破损裂纹、有无放电痕迹及其他异常现象。

7）变压器声音是否正常有无杂音、震动现象。

图4-8 柱上变压器定期巡视

8）吸湿器是否完好，吸湿剂有无变色现象。

9）接头接点有无过热变色、烧损。

10）检查外壳接地及防雷设备是否良好。

（2）特殊巡视。遇有重要政治活动、恶劣自然条件（如雨夹雪、暴雨、大风、冰雹等），以及对建筑物、挖沟、推土、伐树等施工有可能危及柱上变压器安全时施工时进行的巡视。

1）大风时，检查引线有无剧烈摆动、松动或断股，变压器本体、绝缘子套管及引线上有无被大风刮上去的杂物。

2）雷雨后，检查绝缘子套管等部件有放电闪络痕迹，避雷器是否损坏，变压器台基础是否受损。

3）大雪天，检查引线套管端子上的落雪有无立即融化或出现蒸发冒气现象，如有冰雪覆盖，若有应设法及时清除。

4）大雾天，检查套管有无放电现象。

5）气温及负荷剧变时，检查储油柜油位变化情况，注意接头有无变形或发热现象。

6）施工现场，检查施工是否在柱上变压器安全防护范围之外，有无危及变压器运行的现象。

7）有政治活动时，检查变压器是否过负荷，变压器外观是否良好，接头有无松动、发热等现象。

（3）夜间巡视。在负荷高峰或阴雾天气进行，重点检查接头有无发热打火、绝缘子有无放电现象。

（4）故障巡视。配合线路故障巡视，检查是否为变压器引起的线路故障，查明故障变压器地点及故障原因。

（5）监察巡视。目的是了解杆式变压器的运行情况，鉴定变压器的缺陷，指导来年变压器的运行、检修工作，保证资产准确。巡视内容包括核对铭牌数据是否与台账相符，变压器实际运行状况是否与所定的缺陷等级相符。

2. 配电变压器的日常检查

变压器运行中应定期检查，及时了解和掌握变压器的运行状况，以利于及时发现和消除设备缺陷。在检查中，除依靠各种感官去观察、监听变压器的外观、运行环境、运行声响外，还可以通过仪表、保护装置及各种指示装置等设备了解变压器的运行状况。日常检查的项目及要求如下。

（1）声音是否正常。变压器正常运行时，由于交流电流和磁通的变化，铁芯和线圈会产生振动而发出均匀的"嗡嗡"声。若变压器内部有缺陷或外电路发生故障时，都会引起异常声响：声音比平常沉重，说明运行变压器过负荷；声音尖锐时，说明电源电压过高；变压器内部结构松动时，会出现嘈杂声音；出现爆裂声时，表示线圈或铁芯绝缘有击穿现象。户外高压跌落式熔断器触头接触不牢、调压开关触头的位置没对正或接触不良，以及其他外电路上的故障，也会引起变压器声响的变化。变压器内部的声音可借助令克棒等辅助传音工具接触变压器进行监听。

（2）温度是否超过规定。影响变压器运行温度的因素主要是负荷的变化和环境温度的变化等。变压器正常运行时上层油温不应超过规定值。变压器油温太高的原因，除制造的不良以外，可能是因为变压器过负荷、散热不良或内部故障所引起。变压器在运行中超过了额定电流就是处于过负荷状态。变压器长期过负荷运行也会使温度增高，绝缘老化，减少变压器的使用寿命。

（3）油色和油面高度有无变化。观察油色，正常时油色为透明微黄色，若油色变化较快。应对油进行分析。正常运行的油位应在油面计的正常范围内，吸湿器通畅。

（4）套管、引线的连接是否完好。检查正常运行中的套管有无裂纹、破损和放电痕迹，引线和导杆的连接螺栓紧固无变色，还要注意是否有树枝、杂草或其他异物搭在套管上。引线和导杆连接螺栓如果变色或破损，说明螺栓接触不良。

（5）高、低压熔丝是否正常。熔丝安装是否正确，接触是否良好，熔丝的容量选择是否得当，高压熔丝有无熔断或跌落。

（6）接地装置是否完好。正常运行变压器外壳的接地线、中性点接地线和防雷装置的接地线都紧密连接在一起，并且完好接地。如果发现锈烂、断股等情况，要及时进行处理。

（7）运行环境是否良好。检查安全防护栏、安全警示标志、设备名称与编号等运行标志是否齐全；变压器是否有易燃、易爆物品，是否符合防火要求；对于室外变压器应注意检查台架基础有无严重下沉现象，对于室内变压器应检查门、窗是否完整，防小动物短路措施是否完备，照明装置是否正常。

3. 变压器的运行状态

变压器运行状态分为正常运行状态、异常状态和事故状态。

（1）正常运行状态。变压器运行时，因铁芯和绕组损耗而发热，使变压器内各部件和油温升高；同时还会引起铁芯、绕组等振动而发出均匀的电磁及机械方面的声响。变压器正常运行状态表现为：变压器运行时发出连续而均匀的电磁"嗡嗡"声，变压器一、二次绕组的三相电流、三相电压、温升等运行参数均在其铭牌或规程允许的范围内，各相电气参数基本平衡，各类保护装置均应处于正常运行状态，变压器油的主要性能指标符合标准。

（2）异常状态。变压器异常状态主要表现为：变压器内部有异常声响，外部有异常放电或火花现象，套管或绝缘件有裂纹或严重破损，高低压引线柱过热，油浸变压器严重渗漏油、储油柜内看不到油位或油位过低、油位和油温不正常升高、变压器油炭化。变压器运行中的异常状态是事故状态的前奏，如果处理方法不当或不及时就可能会转化为事故状态。

（3）事故状态。发现变压器有下列情况之一者，即为变压器的事故状态，低压线路发生故障后投入备用变压器，并将事故变压器停运处理：变压器内部有异常声响很大、不均匀或有爆裂声，套管有严重的破损或放电现象，变压器冒烟、着火，保护装置动作，油浸变压器严重渗漏油、油位和油温不正常升高等。

4. 变压器的检修

为了确保变压器的安全运行，及时发现和消除缺陷，应对运行中的变压器进行定期检修。变压器的检修可分为大修、小修和临时性检修。

（1）大修是指对变压器进行预防性试验或芯体检查及维修。大修项目包括预防性电气试验，芯体的检修或紧固，对绕组、引线检修；储油柜、油箱、套管、散热管、呼吸器及附件的检修，变压器油的处理或换油，变压器部件及外壳除锈、去污、刷漆等。对长期超负荷或满负荷运行的配电变压器，可根据实际运行情况。不明原因引起变压器油色变黑变色或油化验是酸性者也应进行大修。

（2）小修是指对变压器的外部和高、低压套管及其附件检查和维修。小修项目包括检查并处理已发现的缺陷，外壳及瓷套管检查及补充油位等，冷却装置的检修，密封垫圈的检修，套管清扫、引出线接头的检修，绝缘电阻、接地电阻的测量和试验等。安装在特别污秽地区的变压器应根据现场情况适当缩短小修的周期。

（3）临时性检修是指对变压器存在的缺陷或发生的故障进行消除处理。临时性检修可根据缺陷类别或故障损坏情况的需要而定，一般修复损坏的部分。

4.2.5 柱上变压器及附件常见缺陷处理方法

柱上变压器及附件常见缺陷原因及处理方法见表4-2。

表4-2　　　　　　　　　柱上变压器及附件常见缺陷原因及处理方法

序号	缺陷现象	故障原因	处理方法
1	变压器过热	（1）铁芯间绝缘或穿心螺栓绝缘损坏，产生涡流。 （2）绕组匝间或层间短路	（1）吊芯处理绝缘。 （2）找出短路点处理绝缘或换绕组
2	油温突然升高	（1）过负荷。 （2）接线松动。 （3）绕组内部短路	（1）减小负荷。 （2）吊芯检查接头并紧固。 （3）检查内部短路点并处理
3	声音异常	（1）声音沉重，说明过负荷或有大容量设备启动。 （2）声音尖锐有爆裂声，说明过电压，有绝缘击穿，内部接触不良。 （3）声音乱而嘈杂，说明内部结构或铁芯松动	（1）增大变压器容量或改变大容量设备启动方式。 （2）检查电源，检查绝缘击穿原因并处理。 （3）检查内部结构或紧固穿心螺栓
4	油色变化显著，油面过低	（1）油质变坏。 （2）油箱漏油。 （3）油温过高	（1）处理油或换油。 （2）修补油箱并补油。 （3）减少负荷
5	三相电压不平衡	（1）三相负荷不平衡。 （2）绕组局部短路	（1）调整负荷平衡。 （2）检查短路点并排除
6	绕组绝缘老化	（1）经常过负荷。 （2）超过使用年限	（1）更换绕组或换大容量变压器。 （2）更换变压器
7	绝缘下降	（1）变压器受潮。 （2）油质变坏	（1）干燥处理。 （2）取油样试验并处理或更换新油
8	油面上升或下降	（1）油温过高。 （2）渗漏油	（1）减少负荷。 （2）检查渗漏油位置并处理
9	漏油	（1）接线端子接触不良，过热，密封垫老化。 （2）油箱有砂眼。 （3）螺栓松动	（1）更换密封垫。 （2）将砂眼焊死。 （3）紧固螺栓
10	高压熔断器熔断	（1）内部短路。 （2）外部故障。 （3）过负荷	（1）停止运行，排除故障。 （2）消除外部短路点。 （3）减少负荷

续表

序号	缺陷现象	故障原因	处理方法
11	变压器着火	（1）铁芯及穿心螺栓绝缘损坏。 （2）绕组层间短路。 （3）严重过负荷	（1）吊芯修理，并涂绝缘漆。 （2）处理短路或换绕组。 （3）减少负荷
12	分接开关放电	（1）开关触头压力小。 （2）开关接触不良。 （3）开关烧坏。 （4）绝缘性能降低	（1）更换或调整弹簧，增大压力。 （2）消除氧化膜及油污。 （3）修理或更换触头。 （4）清洁开关，进行绝缘处理

模块小结

通过本模块学习，重点掌握柱上变压器选择、安装的一般要求，能够掌握变压器的日常巡视、特殊巡视检查内容。

思考与练习

1. 柱上变压器选择的依据是什么？

2. 变压器的巡视周期以及巡视的种类？

4.3 箱式变压器、环网柜巡视检修

模块说明

本模块介绍箱式变压器、环网柜的结构和性能、种类和特点，通过要点介绍，熟悉巡视检查的周期，掌握 10kV 箱式变压器、环网柜巡视检查的内容，并根据巡视检查结果进行缺陷的分类和处理。

正 文

4.3.1 箱式变压器巡视检修

1. 箱式变压器结构

箱式变压器（见图 4-9）的底架一般采用热轧型钢，框架采用冷弯型钢与底架焊接在一起，箱体采用单层或双层密封，分为数个间隔并各自有向外打开的门，内部采取有效冷却方法，可保证内部温度保持在允许范围内。一般由以下几部分组成：

（1）高压室。一般包括进线、上下隔离开关或熔断器、高压母线和穿墙套管、高压断路器、电流互感器、电压互感器。高压进线一般采用电缆，隔离开关也可采用负荷开关，高压断路器一般采用 SF_6 或真空断路器，高压母线采用热缩管或其他绝缘材料包覆。

（2）变压器室。放置变压器的间隔部分。

（3）低压室。装有低压隔离开关、空气开关和熔断器等。一般有 4～6 路出线。

图 4-9　箱式变压器

2. 箱式变压器维护

（1）套管是否清洁，有无裂纹、损伤、放电痕迹等现象。

（2）油温、油色、油面是否正常，有无异声、异味。

（3）呼吸器是否正常，有无堵塞现象。

（4）各个电气连接点有无锈蚀、过热和烧损现象。

（5）分接开关位置是否正确，换接是否良好。

（6）外壳有无脱漆、锈蚀；焊口有无裂纹、渗油，接地是否良好。

（7）各部密封垫有无老化、开裂，缝隙有无渗漏油现象。

（8）各部分螺栓是否完整，有无松动现象。

（9）铭牌及其他标志是否完好。

（10）一、二次引线是否松弛，绝缘是否良好，相间或对构件的对地距离是否符合规定，对工作人员是否有触电危险等。

3. 箱式变压器的巡视检查周期

箱式变压器巡视检查周期见表4-3。

表4-3　　　　　　　　　　箱式变压器的巡视检查周期

序号	项目	周期
1	巡视检查	每月一次
2	电流电压测量	半年至少一次
3	开关检查	每年一次
4	开关整定试验	2年一次
5	设备及各部件清扫检查	每年至少一次
6	变压器绝缘电阻测量	4年一次
7	接地电阻测试	2年一次
8	保护装置、仪表测试	2年一次

4. 箱式变压器的巡视检查内容

（1）箱式变压器的外壳有误锈蚀、破损现象。

（2）箱式变压器的围栏是否完好。

（3）各种仪器仪表、信号装置指示是否正常。

（4）各种设备有无异常情况，各部接点有无过热现象，空气断路器、互感器有无异声，有无灼焦气等。

（5）各种充油设备的油色、油温是否正常，有无渗、漏油现象。

（6）各种设备的绝缘子是否清洁，有无裂纹、损坏、放电痕迹等异常现象。

（7）断路器的分、合闸位置是否正确。

（8）箱体有无渗、漏水现象，基础有无下沉等现象。

（9）各种标志是否齐全、清晰。

（10）低压母线的绝缘护套是否良好，有无过热现象。

（11）箱式变压器内是否有正确的低压网络电气图。

（12）箱式变压器周围有无威胁安全、影响工作和阻塞检修车辆通行的堆积物。

（13）防小动物设施是否完好。

（14）接地装置是否可靠，防雷装置是否完好。

5. 箱式变压器的巡视规定

（1）特殊巡视。有对箱式变压器产生破坏性的自然现象和气候（如大风、雷雨、地震等）及其他异常情况（如电缆线路有可能被施工、运输、爆破等原因破坏）时进行的巡视。

（2）夜间巡视。高峰负荷时间，检查设备各部接点发热情况，有雾和小雨加雪天检查电缆终端头、绝缘子、避雷器等放电情况，应由箱式变压器负责人根据具体情况确定巡视次数。

（3）故障巡视。为巡查事故情况进行的巡视，巡视时应视设备是带电的，与其保持足够的安全距离。

（4）监察性巡视。运行单位的领导、专责技术人员为了了解设备运行情况和检查维护人员工作，每半年至少进行一次巡视。

（5）巡视时的安全注意事项。雷雨天气需要巡视时，应穿绝缘靴。巡视时不得进行其他工作，要严格遵守安全工作规程的有关规定。

4.3.2　环网柜巡视检查

环网柜（见图4-10）巡视检查一般应由两人一起进行。运行人员在巡视设备时应兼顾安全保卫设施的巡视。运行人员应根据本地区的气候特点和设备实际，制订相应的设备防高温和防寒措施。雨季来临前对可能积水的地下室、电缆沟、电缆隧道的排水设施进行全面检查和疏通，做好防进水和排水措施。下雨时对房屋渗漏、下水管排水情况进行检查，雨后检查地下室、电缆沟、电缆隧道等积水情况，并及时排水，室内潮气过大时做好通风工作。每年用电高峰来临前应对环网柜配电柜内的电气连接部分进行一次红外测温检查，以便及时处理过热缺陷。

对各种值班方式下的巡视时间、次数、内容，各运行单位应做出明确规定。值班人员应按规定认真巡视检查设备，提高巡视质量，及时发现环网柜设备的异常和缺陷，及时汇报调度和上级主管部门，杜绝事故的发生。一般来说，每月至少应进行全面巡视一次，内容主要是对设备进行全面的外部检查，对缺陷有无发展做出鉴定结果，检查设备的薄弱环节，检查防火、防小动物、防误闭锁装置等有无漏洞，检查接地装置的接地网及引线是否完好。

　　每季度进行夜间巡视一次，内容是检查设备有无电晕、放电，接头有无过热现象，并作好检查设备的台账记录。

图 4-10　环网柜

　　（1）遇下列情况之一者，应做特巡检查：

　　1）10kV 环网柜设备新投入运行、设备经过检修或改造、长期停运后重新投入系统运行。

　　2）遇台风、暴雨、大雪等特殊天气。

　　3）与 10kV 环网柜相关线路跳闸后的故障巡视。

　　4）10kV 环网柜设备用变压器动后的巡视。

　　5）异常情况下的巡视，主要是指设备发热、跳闸、有接地故障情况等，应加强巡视。

　　（2）10kV 环网柜一般检查项目及标准：

　　1）设备表面应清洁，无裂纹及缺损，无放电现象和放电痕迹，无异声、异味，设备运行正常。

　　2）各电气连接部分无松动发热。

　　3）各连接螺栓无松动脱落现象。

　　4）电气设备的相色应醒目。

5）防护装置完好，带电显示装置配置齐全，功能完善。

6）照明电源及开关操作电源供电正常。

7）表计指示正常，信号灯显示正确，设备无超限额值。

8）开关柜无锈蚀，电缆进出孔洞封堵完好。

（3）除上述检查项目外，10kV 环网柜还应进行如下分项检查：

1）10kV 开关：① 真空泡表面无裂纹，SR 开关气压指示正常；② 分、合闸位置正确，控制开关与指示灯位置对应；③ 操动机构已储能、外罩及间隔门关闭良好；④ 端子排接线无松动。

2）隔离开关：① 隔离开关的触头接触良好，分、合闸到位，无发热现象；② 操作把手到位，轴、销位置正常；③ 隔离开关的辅助开关接触良好。

3）避雷器：① 避雷器外壳无损；② 避雷器的接地良好。

4）互感器：① 互感器整体无发热现象；② 表面无裂纹；③ 无异常的电磁声；④ 电流回路无开路，电压回路无短路现象；⑤ 高、低压熔丝接触良好，无跳火现象。

5）母线：① 母线无严重积尘，无弯曲变形，无悬挂物；② 支持绝缘子无裂缝；③ 各金具牢固、无变形；④ 绝缘子法兰无锈蚀等。

6）电力电缆：① 电缆终端头三叉口处无裂缝；② 电缆固定抱箍坚固，电缆头无受力现象；③ 电缆接地牢固，接地线无断股现象。

7）土建、环境及其他：① 10kV 环网柜门窗完好无损，门锁完好；② 10kV 环网柜整体建筑完好，地基无下沉，墙面整洁、无剥落；③ 防鼠挡板安置密封、无缝隙，电缆层、门窗铁丝网完好；④ 户内、外电缆盖板完好，无断裂、缺失现象；⑤ 电缆孔洞防火处理完好，电缆沟内无积水，进出洞孔封堵牢固，排水、排风装置工作正常；⑥ 接地无锈蚀，隐蔽部分无外露；⑦ 室内、柜内照明系统正常。

模块小结

通过本模块学习，能够熟悉箱式变压器、环网柜的结构和性能等基础知识，能够掌握 10kV 箱式变压器、环网柜巡视检查的内容，并根据巡视检查结果进行缺陷的处理和维护。

思考与练习

1. 箱式变压器的巡视检查内容有哪些?
2. 箱式变压器的特殊巡视有哪些规定?
3. 10kV 环网柜一般检查项目及标准是什么?

4.4 配电台区线损治理

模块说明

本模块介绍配电台区线损的管理、线损的基本概念以及影响线损的因素,通过要点介绍,掌握降低台区线损率的主要措施等。

正   文

4.4.1 线损基本概念

在一个供电地区内,电能通过电力网的输电、变电和配电的各个环节供给客户。在电能的输送和分配过程中,电力网的各个元件都要产生一定数量的电能损耗,这个损耗简称为线损(或技术线损)。在给定时间段(日、月、季、年)内配电网的所有元件中产生的电能损耗电量称为配电网的线损电量,线损电量占供电量的百分数称为线损率。线损率是配电网的综合经济技术指标。

线损分析的目的是在于鉴定网络的结构、运行的合理性和供电管理的科学性,从中找出计量装置、设备性能、用电管理、运行方式、抄收统计等方面存在的问题,以便采取降损节能措施。线损分析计算见图 4–11。

1. 线损分类

(1)按照电能损耗的原因,线损可分为:

1)随负荷电流的变动而变化的电能损失,称为可变损失。这种损失主要是电网中电气设备的电能损耗,如电力变压器的铜损,线路导线的铜损,调相机、电抗器、互感器、消弧线圈等设备的铜损,电能表等表计电流线圈的铜损,接户线的铜损等。

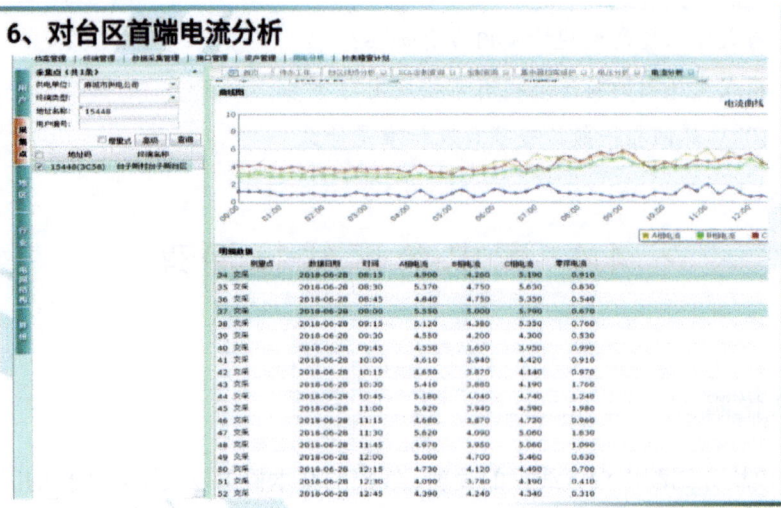

图 4-11　线损分析计算

2）电网加上电压后，随电压的变动而变化的电能损失，称为固定损失。这种损失包括电力变压器的铁损，电缆、电容器的介质损失，电能表、功率表等仪表电压线圈的损失，调相机、电抗器、互感器、消弧线圈等设备的铁损，绝缘子的损失，电晕损失等。

3）供电过程中的不明损失。不明损失包括计量装置本身的综合误差、倍率差错，窃电，绝缘泄漏、放电，抄计、计算错误造成的遗漏电量等。

（2）按线损管理理论，线损可分为：

1）统计线损。根据电能表的读数计算出来，即供电量和售电量两者之差值。在统计学中称这种计算方法为余量法，因此，有时称线损是个余量。

2）理论线损。根据供电设备的参数和电力网当时的运行负荷情况，由理论计算得出的线损，又称技术线损。

2. 线损计算

配电网结构复杂，节点很多，电能计量装置不齐全，并且因户数多，又缺少远方自动采集装置，以致抄表时间不同步。因此配电网的线损和线损率的统计值和理论计算值差异较大。低压线损理论计算方法主要采用台区损耗率法。

（1）已知各配电台区计算期的月供电量，取容量相同、低压出线数具有代表性的配电台区数个，并且用电负荷正常，电能表运行正常、无窃电现象等，作为该容量的典型配电台区。

（2）实测各典型配电台区的电能损耗及损耗率，即于同一天、同一时段抄录各典型配电台区总表的供电量及台区内各低压客户的售电量，计算各典型配电台区的损耗电量和损耗率，以及各容量典型配电台区的平均损耗率 $\Delta \overline{A_i}$（%）。

（3）对需要计算的各配电台区按变压器容量进行分组，将本组内配电变压器月供电量之和乘以该组典型配电台区的平均损耗率 $\Delta \overline{A_i}$（%），即可得到该组配电台区的总损耗电量。计算公式为

$$\Delta A_i = \Delta \overline{A_i}（\%）\sum A_i$$

（4）将各组配电台区损耗相加，可求出配电网低压台区总损耗电量

$$\Delta A = \sum_{k=0}^{n} \Delta \overline{A_i}(\%) \sum A_i$$

式中　n——配电变压器按容量划分的组数；

　　　A_i——第 i 台配电变压器低压侧月供电量。

4.4.2　影响台区线损的因素

由于电网组合元件固有的物理特性，电网在输送、分配电能过程中，必然产生一定的电能损耗。但是，线损是个动态的物理量，由于设备和管理等因素，它可能增加或减少。对于一个运行的电网，有种种因素影响着其电能损耗。

1. 设计因素

（1）设计线路路径不尽合理，供由半径过大，甚至存在迂回供电的现象。

（2）10kV/0.4kV 配电室（或变台）偏离负荷中心。

（3）供电与配电容量、或配电变压器与用电容量的容载比不合理。

（4）未按无功经济当量选用无功补偿装置。

（5）线路导线选用截面积不符合经济电流密度的要求。

2. 安装运行因素

线路部分的原因主要有：绝缘子污秽或绑线松动放电，导线接头发热，线路断线或接触树枝等接地故障，接户线年久失修和绝缘损坏，混线短路等。

设备部分的原因主要有：变压器陈旧、铜损和铁损值超标，变压器三相负

荷不平衡，变压器绝缘和散热作用不良，表箱内接头发热，未按规定装表、表计运输及搬运时受振、损坏元件，互感器倍率不准或二次接线接触不良，电能表未按期更换、校验等。

3．环境及负载因素

（1）温度影响。工作环境温度及设备工作温度使设备运行时超过允许温升，线损增大。

（2）电压影响。设备工作电压过高，设备铁损增加；设备工作电压过造成的低铜损增加。

（3）设备超载运行造成的损耗剧增。

（4）设备空载或轻载运行线损增大。

4.4.3　降低台区线损率的主要措施

1．技术降损措施

降低线损的技术措施大致分为两大类：一类是对电力网实施技术改造，在提高电力网的送电能力及改善电压质量的同时也降低了线损，这类措施需要一定的投资，所以一般要根据技术经济比较来论证它们的合理性；另一类措施是加强电力网的运行管理。

（1）进行低压线路的改造，更换线径细、老化破损严重的导线。砍伐线路走廊内过高的树木，避免与线路发生碰触，或者更换为绝缘导线。改造现有不合理的电网结构，减少线路迂回供电，缩短供电半径，使配电站、变压器更贴近负荷中心，可有效降低线路损耗。

（2）增设变压器，改大容量变压器为小容量变压器深入负荷中心，缩短供电半径。均衡配电各馈线中的负荷分布，调整网络合理的运行方式，避免单一馈线重载发热，增加线路的损耗。

（3）经常测量变压器的三相负荷电流，或利用台区总表监视三相负荷，当三相不平衡度大于 20% 时，及时对变压器三相负荷进行调整。

（4）采用电子式电能表（见图 4-12）取代感应式电能表。电子式电能表负荷误差曲线较平直，受负荷变化影响幅度小；计量精度较高普遍达到 1.0 级；功耗低，月均消耗电量仅为 0.3kWh 左右；过载能力高，启动电流较小。实践证明，应用电子式电能表对减少低压配电网络损耗作用是很大的。

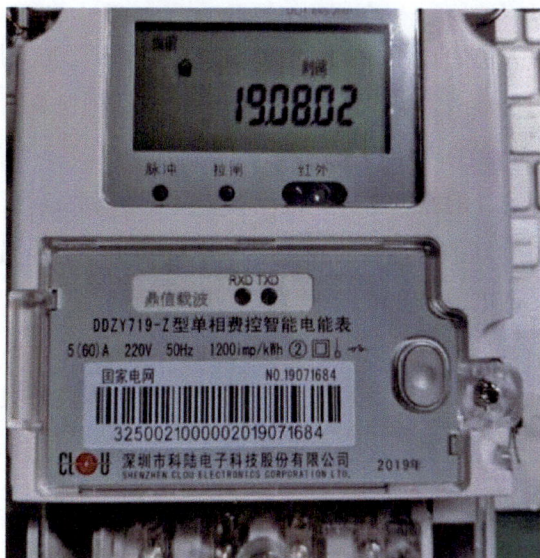

图 4-12 单相电子式电能表

（5）针对个别用户设备功率因数较低的情况，可采取电容器就地补偿方式，同时对用户实行功率因数调整电费办法，采用经济手段促使其改善设备减少向系统输入无功电量，提高功率因数。对功率因数较低的配电台区，可采用集中补偿和分散补偿的方法，提高功率因数。集中补偿适用于变压器轻载时的补偿，补偿装置安装于变压器台上，补偿容量可固定或采用补偿装置。分散补偿用于变压器正常负载时的补偿，补偿装置安装于低压线路末端，宜采用自动投切补偿装置。补偿装置的应用会降低线路损耗，提高变压器出力率，稳定线路末端电压。

对于个别向电网输入谐波的负荷，应要求客户安装整流装置和滤波装置，以减少谐波对电网的影响。

（6）对于低压网中铜铝接头应全部采用铜铝过渡线卡，并加强巡视检查，减少故障发生率。

2. 管理降损措施

采取必要的管理措施是降低台区线损率的有效途径。

（1）加大对窃电的检查力度，发现窃电及时制止并依照法律程序进行处理。对于防窃电改造结束的台区也不能掉以轻心，要加强巡视检查，掌握用户负荷情况，做到心中有数。

（2）增强工作人员的责任心，避免漏抄、错抄现象，努力提高实抄率。

（3）加强对电能表、互感器接线和防改表箱的巡视检查，发现接线错误及时更正，退补电量，避免电能损失。

（4）提高客户表计的完好率，保证计量装置安全可靠运行。

（5）经常对所管辖的配电台区供电分界点进行检查，加强各专业的工作沟通，发现台区交叉供电现象及时进行微机数据库调整。

（6）加强营销核算监督审核工作，避免电量错误。

（7）加强台区计量装置巡视检查，发现异常和故障及时报告有关部门进行处理，防止台区总表计量不准影响台区损失率计算的准确性。

4.4.4　台区线损管理

"一户一表"改造以后，所有供给用户电能表前的 380/220V 的低压线路产权归属电力部门，电力部门承担了该线路的线损，也就承担了个别用户窃电的风险。目前，电力部门主要采取用户举报及定期或不定期的稽查方式来进行监督，如何有效地监控配电变压器台区是否存在窃电现象，是营销管理人员一直需要解决的问题。通过台区管理系统可以比较该台区的所有用户的用电量和台区配电变压器的总电量，就可以动态地监视某台区的线损异动情况，有重点、有目的地进行用电情况稽查，见图 4－13。

图 4－13　线损异常稽查

　　通过实时动态地对台区线损进行监测，可及时主动了解某台区线损的情况，一旦发现异常就可以采取一定的措施，或是进行稽查是否有窃电现象，或是考虑对该台区进行降损改造，通过实时运行监测取得的实时数据和历史数据，可了解某台区配电变压器的三相负荷情况，三相不平衡率，负载率等参数，进行负荷预测指导业扩安装，通过对用户用电情况、用电性质及用电负荷的增长趋势的分析，电力部门在进行系统增容、变压器布点选择等日常规划工作时就有了科学的依据。

模块小结

　　通过本模块学习，重点掌握配电台区线损治理的措施以及步骤，能够了解配电台区线损的管理、线损的基本概念以及影响线损的因素。

思考与练习

　　1. 配电台区线损的基本概念是什么？

　　2. 影响配电台区线损的因素有哪些？

　　3. 降低台区线损的主要措施有哪些？

5

配电网运检安全质量管理

》 5.1 作业现场安全管理 《

模块说明

本模块包含配电网运检安全管理的具体要求。通过学习，了解配电网运检安全管理具体内容和标准要求，规范配电网作业现场安全管理工作，不断提升配电网运检安全生产可控、能控、在控水平，促进企业安全管理工作标准化和规范化。

正　文

配电网作业点多、面广，作业环境复杂，安全风险管控难度大，提高配电网运检安全管理水平，实现对企业日常安全管理现状进行诊断分析，为配电网运检安全薄弱环节制订相应对策、提供基本依据，并提出相应的管理控制措施，夯实企业安全生产管理基础，增强企业自身安全保障能力，达到事先控制、防范事故的目的。

5.1.1　计划作业现场安全管理

1. 作业计划

作业计划是风险管控的源头，计划管理就是要求各级管理人员抓牢作业计划这一龙头，通过严格的计划管控，做到对作业组织管理的超前谋划、超前准备，强化作业计划编审批管理，准确辨识、评估作业风险，合理制订风险控制措施，实现风险的超前预防和事故防范关口前移。

（1）计划及时性。作业任务应统筹考虑月度停电计划、管理和作业承载能力等情况，按周进行平衡安排，细化分解到日，形成周作业计划。

（2）计划全面性。配电网运维检修作业均应纳入作业计划管控，严禁无计划作业。

（3）计划规范性。各单位应结合平台应用，明确各专业计划管理人员，健全计划编制、审批和发布工作机制，严格计划编审、发布与执行的全过程监督管控。作业计划应包括作业内容、作业时间、作业地点、作业人数、专业类型、风险等级、风险要素、作业单位、工作负责人及联系方式等关键字段内容。

2. 作业准备

作业单位以作业计划为依据，按照现场勘察实际，开展管理和作业人员承载力分析，统筹平衡人力、物力等基础资源。工作票"三种人"、专业部门管理人员落实作业组织管理责任，抓好"三措"编审批、工作票（施工作业票）填写、安全交底、班前会等作业准备工作，提前控制安全风险，坚决杜绝超负荷、超能力作业。

（1）现场勘察。作业任务确定后，对需要现场勘察的作业项目，应由工作负责人或工作票签发人组织现场勘察，并填写现场勘察记录。现场勘察应记录应包括工作地点需要停电的范围以及保留的带电部位等内容。现场勘察记录可作为作业风险评估定级、编制"三措"和填写并签发工作票（纸质或数字票）的依据。

（2）风险定级。配电网作业参照《典型生产作业风险定级库》进行风险定级。

（3）班组承载力分析。根据作业任务难易水平、工作量大小、安全防护用品、安全工器具、施工机具、车辆等是否满足作业需求，考虑作业环境因素（地形地貌、天气等）对工作进度、人员配备及工作状态造成的影响等。确定可同时派出的工作组和工作负责人数量：应确保每个作业班组同时开工的作业现场数量不得超过工作负责人数量。

（4）作业人员承载力分析。包括作业人员身体状况、精神状态以及有无妨碍工作的特殊病症、技能水平、安全能力。其中，技能水平可根据其岗位角色、是否担任工作负责人、本专业工作年限等综合评定，安全能力应结合《国家电网公司电力安全工作规程（配电部分）（试行）》考试成绩、人员违章情况等综合评定。

（5）人员资质核查。工作负责人核实作业人员是否具备安全准入资格、特种作业人员是否持证上岗、特种设备是否检测合格，严禁施工人员无证作业、严禁未经安全培训进场作业。

（6）"三措"编制。作业单位应根据现场勘察结果和风险评估内容编制"三措"，三级及以上风险应该编制"三措"，内容包括任务类别、概况、时间、进度、停电范围、保留的带电部位及组织措施、技术措施和安全措施。"三措"应分级管理，严格落实审批制度，严禁执行未经审批的"三措"。

（7）"两票"填写。作业单位应根据现场勘察、风险评估结果，由工作负责人或工作票签发人填写工作票，严禁无票作业。各级单位应规范"两票"填写与执行标准，明确使用范围、内容、流程、术语。

（8）风险公示。地市（县）公司级单位、二级机构按照"谁管理、谁公示"原则，以审定的作业计划、风险等级、管控措施为依据，每周日前对本层级（不含下层级）管理的下周所有作业风险进行全面公示。地市（县）公司级单位作业风险内容由安监部门汇总后在本单位网页公告栏内进行公示。各工区、项目部等二级机构均应在醒目位置张贴作业风险内容。

（9）风险告知。各单位、专业、班组应充分利用工作例会、班前会等，逐级组织交代工作任务、作业风险和管控措施，并通过移动作业 App 从上至下将"四清楚"（任务清楚、作业程序清楚、危险点清楚、安全措施清楚）任务传达到岗到人。

3. 停电作业实施

规范实施标准化作业流程，严格进场施工设备、机具管理，强化倒闸操作、安全措施布置、许可开工、安全交底、现场施工、作业监护、验收及工作终结全过程管控。

（1）安全措施布置：① 明确分工，配电专业工作许可人所做安全措施由其负责布置，工作班所做安全措施由工作负责人负责布置；② 安全措施布置完成前，禁止作业；③ 安措审查，工作许可人应审查工作票所列安全措施正确完备性，检查工作现场布置的安全措施是否完善（必要时予以补充）和检修设备有无突然来电的危险；④ 装设接地，工作地段内有可能反送电的各分支线都应挂接地线，现场为防止感应电或完善安全措施须加装接地线时，应明确装、拆人员，每次装、拆后应立即向工作负责人或小组负责人汇报，并在工作票中注明接地线的编号，装、拆的时间和位置；⑤ 严禁不验电、不挂接地线施工。

（2）许可开工：① 工作许可人再次核实工作票所列作业人员是否具备安全准入资格，特种作业人员是否持证上岗，特种设备是否检测合格；② 核实作业必需的工器具和个人安全防护用品合格有效，按要求开启视频监控终端等设备，并通过移动作业 App 与作业计划关联；③ 安措复查，会同工作负责人再次检查现场安全措施布置情况，指明实际的隔离措施、带电设备的位置和注意事项，证明检修设备确无电压，并在工作票上分别确认签字。

（3）安全措施落实。一般要求为工作负责人重点抓好作业过程中危险点管控，应用布控球等检查和记录现场安全措施落实情况。工作负责人须携带工作票、现场勘察记录、"三措"等资料作业现场；严禁劳务分包人员担任工作负责人。

1）组织与监护。现场作业过程中，工作负责人、专责监护人应始终在作业现场，严格执行工作监护和间断、转移等制度，做好现场工作的有序组织和安全监护，严禁工作负责人（监护人）擅自离岗；严禁擅自扩大工作范围。

2）防触电。严格执行停电、验电、挂接地线、悬挂标示牌和装设遮栏（围栏）等保证安全的技术措施。架空绝缘导线不得视为绝缘设备，作业人员不得直接接触或接近。禁止作业人员穿越未停电接地或未采取隔离措施的在运绝缘导线进行工作。带电作业应穿戴合格绝缘防护用具。

3）防高坠。5 级及以上的大风以及暴雨、雷电、冰雹、沙尘暴等恶劣天气下，应停止露天高处作业。登高前，应检查登高工具、设施是否完整牢靠。攀登有覆冰、积雪、积霜、雨水的杆塔时，应采取防滑措施。作业人员攀登杆塔、杆塔上移位及杆塔上作业时，应系好安全带，全程不得失去安全保护，严禁登高不系安全带；严禁抛掷施工材料及工器具。

4）防倒杆。严禁不打拉线放、紧线；严禁杆基不牢登杆作业；立（撤）杆塔、调整杆塔倾斜、弯曲、拉线受力不均时，应根据需要设置临时拉线及其调节范围，并应有专人统一指挥。严格执行立杆旁站监理。

5）防中毒窒息。严禁有限空间未通风、未检测进行作业。出入口应保持畅通并设置明显的安全警示标志，夜间应设警示红灯。有限空间内作业，应在入口处设专责监护人，事先与作业人员规定明确的联络信号，并保持联系。工作时，通风设备应保持常开。应配备符合要求的安全作业设备。禁止盲目施救，救援人员应做好自身防护。

（4）作业监护。

1）监护人员设置。工作票签发人或工作负责人对有触电危险、施工复杂容易发生事故等作业，应增设专责监护人，确定被监护的人员和监护范围，专责监护人应佩戴明显标识，始终在工作现场，及时纠正不安全的行为。

2）监护要求。专责监护人不得兼做其他工作。专责监护人临时离开时，应通知被监护人员停止工作或离开工作现场，待专责监护人回来后方可恢复工作。若专责监护人必须长时间离开工作现场时，应由工作负责人变更专责监护人，履行变更手续，并告知全体被监护人员。

（5）到岗到位。

1）建立机制，各级单位应建立健全生产作业到岗到位管理制度，明确到岗到位标准和工作内容，将生产现场领导干部和管理人员到岗到位工作纳入生产管理和控制流程，到岗人员按照"谁主管谁负责、管业务必须管安全"的原则，对重点现场到岗开展督导检查。

2）分级管理，到岗人员应根据实际情况，采取计划和"四不两直"等方式，对生产作业任务进行全过程或关键时段、重要环节以及承担作业任务的基层单位和班组，开展到岗到位督导检查。到岗人员应按"分层分级"原则，切实履行到位要求，到现场、到一线，掌握安全生产实情，解决安全生产问题，督导检查工作组织、作业秩序、安全措施、风险管控等工作开展情况，严肃查处违章现象，防范安全生产风险。

（6）工作终结。现场工作结束后，工作负责人应配合设备运维管理单位做好验收工作，核实工器具、视频监控设备回收情况，清点作业人员。办理工作终结手续前，应确认所有施工人员已撤离工作现场，所有安全措施已拆除。

4. 带电作业实施

配电网带电作业能快速进行线路故障处理及消缺，提升供电可靠率，是配电网日常运维的主要手段。现场作业中，应正确穿着绝缘防护用具，严格落实停用重合闸、验电、绝缘遮蔽等措施，认真履行监护和到岗到位职责，确保作业安全。

（1）现场复勘。应在现有标准化作业指导书中制定的施工方案的基础上，认真开展现场复勘，确认绝缘斗臂车停放位置地面坚实平整，防范斗臂车倾覆风险；确认绝缘臂回转起伏伸缩路径无障碍物；确认风速不大于 5 级，湿度不大于 80%，无雷电、雪、雹、雨、雾等不良天气。进行带电断、接引类的作业前，必须先确认所带负荷确已断开，严禁带负荷断接引线。

（2）停用重合闸。现场工作负责人应与值班调控人员联系，停用线路重合闸装置，防止带电作业过程中发生意外时造成二次伤害。

（3）做好绝缘防护。绝缘防护用具是保障带电作业人身安全的最后一道防线。绝缘服、绝缘手套等防护用具应在作业前进行外观检查，并由工作负责人检查作业人员穿戴情况。登斗后应先系好安全带，作业过程中严禁脱下绝缘防护用具。

（4）正确使用绝缘斗臂车。绝缘斗臂车的绝缘臂是相–地之间的主绝缘，进入带电区域应保证其有效绝缘长度大于 1m（10kV）。现场应做好监护，防止发生绝缘臂被短接或具有伸缩功能的绝缘臂未伸出有效绝缘长度等风险。

（5）做好绝缘遮蔽。接近带电体的过程中，应从下方依次验电，确认无接地等现象。应通过遮蔽管、绝缘毯等对人体活动可触及范围内的带电体和接地体按照"从近到远、从下到上、从带电体到接地体"的顺序进行绝缘遮蔽，并保证遮蔽用具之间接合重叠长度不小于 15cm，拆除遮蔽时的顺序相反。作业中严禁绝缘斗内人员同时接触不同电位。

5. 安全督查

健全安全监督体系对安全保证体系督促的工作机制，发挥安全保证体系和安全监督体系共同作用，充分运用"四不两直""远程+现场"等督查方式，强化现场安全督查，对各类违章行为严肃查纠、及时曝光及考核惩处。积极开展"无违章班组""无违章员工"创建活动，鼓励违章自查自纠。

（1）现场督查。各级督查人员利用风控 App 定位功能，开展"四不两直"（"四不"为不发通知、不打招呼、不听汇报、不用陪同接待，"两直"为直奔基层、直插现场）现场督查，督查期间须开启执法记录仪，对各作业现场安全措施布置、作业实施、两票执行、到岗到位等关键环节进行检查。

（2）视频督查。各级安监人员利用风控平台规范开展远程视频督查，对各作业现场作业实施全过程，尤其是作业人员的行为性、装置性违章进行远程督查，发现问题及时纠正并记录违章。

（3）违章查处。督查人员发现违章行为，应立即制止、纠正，使用手机等工具对现场发现的问题进行抓拍，通过风控 App 做好违章记录，第一时间推送至平台曝光。

（4）视频覆盖。依据计划作业内容及风险等级合理配置布控球，作业开始前，工作负责人应规范摆放、按时开启布控球，确保各级督查人员能够对作业全过程进行实时监控。

（5）单位覆盖。各级单位依托各级安全管控中心、安全督查队等对各类作业现场开展"四不两直"现场和远程视频安全督查。

（6）专业覆盖。现场安全督查应覆盖各类专业。

（7）分级覆盖。省公司级单位应对所辖范围内的二级风险作业现场开展全覆盖督查。地市公司级单位应对所辖范围内的三级及以上风险作业现场开展全覆盖督查。县公司级单位对所辖范围内的所有作业现场开展全覆盖督查。

5.1.2 抢修作业现场安全管理

1. 停电抢修

（1）故障信息接报。运维单位依据电网调度故障信息、95598 报修工单或其他途径获得故障信息，须尽快按照供电服务有关时限要求到达现场，对故障巡视判断结果执行 App 汇报或"配网故障处理微信群"汇报。线路巡视，设备运维管理部门组织抢修班组进行线路巡视。

（2）故障巡视和应急处置。运维单位在开展故障巡视时必须两人以上，个人防护用品配备齐全，夜间巡视要保证充足照明；遇雷雨天气可视程度暂停巡视；巡视时沿线路外侧行走，大风时沿上风侧行走，事故巡线，应始终把线路视为带电状态。遇有倒杆、断线放电等情况，导线断落地面或悬吊空中，须尽快采取看护或围栏警戒措施，设法防止行人靠近断线点 8m 以内，并迅速报告领导等候处理。遇有危及人身安全或火灾隐患可立即就近断开电源（断路器），不可采用拉开隔离开关或跌落式方式断电源。

现场处理设备缺陷时应得到工作许可，并在有人监护及安全措施完备后方可进行处理，不得擅自登台、登杆处理；电缆分支箱、环网柜、箱式变电站等巡视确需打开门盖时须有专人监护、打开门盖后须与带电设备及部位保持足够安全距离（10kV 不小于 0.7m）；巡视时接触设备或打开运行设备门盖前，须先验电确认无电压，否则须戴相应电压等级的绝缘手套。

不得单人进入电缆隧道内从事巡视、检修等作业。进入隧道前应先通风，用气体检测仪检查井内的易燃、易爆及有毒气的含量是否超标，确认合格并做好记录后方可进入。电缆隧道内巡视应有足够的照明。上下电缆隧道时，应做好人员失稳、摔跌的防坠落措施。进入电缆井检查，井盖应放平，井口应设有遮拦并派专人看守。

（3）抢修前准备。开展现场勘察，了解配电系统接线方式和双电源用户电源防止反送电的控制措施等情况，进行危险点分析和采取相应的预控措施。

依据调度指令填写《配电倒闸操作票》，执行倒闸操作，对现场所有可能反送电的分支线，变台，箱变全部采取停电、挂地线措施，对有可能反送电的双电源用户应有相应的控制措施。

（4）填写配电故障紧急抢修单。由事故抢修班组工作负责人或技术人员填写"配电故障紧急抢修单"，如不能连续作业，需要填写配电第一种工作票。

（5）落实现场"反送电"安全措施。故障处理作业地点各来电侧必须可靠隔离（必须有明显断开点），调度和运维人员必须核对运行方式和接线方式，尤其是大型小区多开闭站或多箱变，架空线路 T 接线或多电源联网的运行方式；涉及用户设备不能操作，需营销人员协调配合用户操作；涉及作业范围内变压器台或箱变，也需断开低压刀闸和高压跌落式；大风天气，跌落式不能作为明显断开点，可采取摘除熔断器措施实施可靠隔离。作业前必须在各隔离点内侧装设接地线或合接地刀闸；对钻越、临近高电压线路附近作业，还应加挂保安地线。作业前现场负责人要逐一核对安全措施布置情况。

（6）安全交底和许可。由抢修工作负责人组织抢修任务交底，明确工作地点和抢修内容，明确保留带电部位和其他安全注意事项。故障抢修必须经运维单位许可后，方可开展作业；对临时发现或突发的作业范围以外的缺陷和隐患，必须重新履行抢修作业流程，不得擅自超作业范围进行处置。

（7）故障抢修注意事项。严防误登有电设备，登杆、台前核对设备双重名称及杆号，确认无误后方可攀登，设专人监护以防误登带电设备；严防高空坠落，作业人员系牢安全带和后备保护，安全带要系在牢固可靠构件上；防高空坠物伤人，地面配合人员尽量避免停留在杆下，作业人员戴好安全帽，工具材料用绳索传递，避免高空坠物；防起重机械伤人，在起吊前，检查其设备完好，设专人指挥；防导线跑线伤人，放、紧线工作设专人指挥，统一信号，人员不准站在或跨在已受力牵引绳、导线的内角侧和展放导线的垂直下方，防止意外跑线时抽伤，严禁采用突然剪断法断线；防电杆倾倒伤人，登杆前检查杆根及杆的埋深有无问题，观测估算电杆埋深及裂纹情况，必要时需打临时拉线；防车辆交通伤人，在作业现场四周装设安全围栏，在安全围栏距来车方向一定距离设置"前方施工""车辆慢行"安全标示牌，并在围栏外围设置适量锥形交通标；必要时设专人挥旗指挥；有限空间作业，邻近有电设备，做好隔离防护措施，要定时进行有毒有害气体检查。

（8）工作终结与恢复送电。工作负责人应检查设备抢修质量、检查抢修地段没有遗留的个人保安线、工具、材料等、检查清点并确认全部作业人员已由杆塔上撤离，安全措施已拆除。

工作负责人向工作许可人汇报，核对清点接地线、标示牌数目确认无误后，联系调度，申请恢复送电。现场不得约时送电。

召开班后会，抢修工作结束后，抢修工作负责人召开抢修人员会议，分析故障原因，制定防范措施，总结工作经验，制定今后改进措施。

2. 带电抢修

带电抢修作业危险点及预控措施：

（1）遇雷、雨、雪、雾禁止进行带电作业，风力大于 5 级及空气相对湿度大于 80%时，不得进行带电作业。

（2）作业人员必须穿戴齐全合格的个人绝缘防护用具（绝缘手套、绝缘安全帽、绝缘鞋、护目镜等），使用合格适当的绝缘工器具；严格按照带电作业操作规程中的遮蔽顺序（由近至远、由大到小、由低到高、先带电体后接地体）进行遮蔽，绝缘遮蔽组合应保持不少于 15cm 的重叠。

（3）人体对带电体安全距离不小于 0.4m，绝缘操作杆有效绝缘长度不小于

0.7 米；斗臂车需可靠接地；斗内作业人员严禁同时进行两相作业。

（4）斗内作业人员必须系好安全带，戴好安全帽；使用的工具、材料等应用绳索传递或装在工具袋内，禁止乱扔、乱放；现场除指定人员外，禁止其他人员进入工作区域，地面电工在传递工具、材料不要在作业点正下方，防止掉物伤人。

（5）作业现场按标准设置防护围栏，专人看守，禁止行人入内；斗臂车绝缘斗升降过程中注意避开带电体及障碍物，绝缘斗升降、移动时应防止拐臂被过往车辆剐碰，绝缘斗位置固定后拐臂应在围栏保护范围内。

（6）作业需要停用重合闸，防止因相间或相地之间短路线路重合闸造成二次电击伤害。

（7）旁路作业设备使用前应进行外观检查，旁路系统连接好后，合上开关，进行绝缘电阻检测；测量完毕后应进行放电，并断开旁路开关。旁路作业设备投入运行前和恢复原线路供电前，必须进行核相，确认相位正确。

模块小结

本模块主要讲解了配电网计划，作业现场抢修，作业现场执行流程和安全管理要求。

思考与练习

1. 作业计划时间确定后，要开展哪些具体准备工作？
2. 什么情况不允许开展带电作业？开展带电作业有哪些管控措施？

5.2　现场应急处置方案

模块说明

本模块包含触电事故现场应急处置方案、高处坠落现场等应急处置方案。通过学习具体案例，了解配电网现场应急处置方案编写中的具体要求，了解在配电网运维检修中遭遇触电、高处坠落等情况时的快速处置方案。

正　文

为了应对触电、高空坠落等情况发生，并能在紧急时刻迅速有效地控制和处理，缩小事件对人和财产的影响，将紧急事件局部化，保证配电网安全稳定发展。选定触电、高空坠落事件、变电站火灾、交通事故，食物中毒等几种类型突发现场编写典型案例。

5.2.1　触电事故现场应急处置方案

1. 低压触电事故

（1）工作场所。××公司××作业现场。

（2）事件特征。作业人员在 1000V 及以下电压等级的设备上工作，发生触电，造成人身伤害。

（3）岗位应急职责。

1）事件最先发现者：① 立即向他人求救；② 立即采取措施使触电者脱离电源。

2）工作负责人：① 组织落实先期应急措施，消除或减轻事件风险；② 组织救助触电人员；③ 隔离事故区域，防止次生、衍生事件；④ 逐级汇报。

3）工作班成员：① 保障自身安全；② 服从指挥，协同应急处置。

（4）现场应急处置。

1）事件最先发现者应大声呼救，呼救内容要明确：某某人、在某某地点发生触电。

2）如触电人员悬挂高处，现场人员应尽快将其解救至地面。如暂时不能解救至地面，应考虑相关防坠落措施。必要时拨打"119"请求专业支援。

3）现场人员采取拉开关、断线或使用绝缘工器具移开带电体等措施使触电者脱离电源。

4）根据触电人员受伤情况，采取人工呼吸、心肺复苏等相应急救措施。

5）现场人员将触电人员送往医院救治或拨打"120"急救电话求救。

6）必要时，隔离事发现场，在交通要道和主要路口设置警示标志，并设专人看守。禁止任何无关人员擅自进入隔离区域。

7）逐级汇报事件发生、发展和应对、处置情况。

（5）注意事项。

1）信息报告内容应包括伤员的伤害类型、伤害程度、伤害人数、发生伤害的时间、地点及现场处置情况。拨打"120"后，应派人在指定路口接应。

2）未脱离电源前，严禁直接用手、金属及潮湿的物体接触触电人员。

3）在解救高处触电者时，应采取防止再次触电的措施。

4）将伤者从电杆上解救到地面过程中应注意绑扎受伤人员方法、防止下吊受伤者时造成直接落地，应缓慢下移防止对伤者造成两次伤害。

5）在医务人员未接替救治前，不应放弃现场抢救。

2. 高压触电事故

（1）工作场所。××公司××作业现场。

（2）事件特征。作业人员在1000V以上电压等级的设备上工作，发生触电，造成人身伤害。

（3）岗位应急职责。

1）工作负责人：① 组织落实先期应急措施，消除或减轻事件风险；② 迅速救助伤员，撤离工作人员；③ 隔离事故区域，防止次生、衍生事件；④ 逐级汇报。

2）工作班成员：① 保障自身安全；② 服从指挥，协同应急处置。

（4）现场应急处置。

1）现场人员立即高声呼救，并采取措施使触电人员脱离电源。如高压设备接地，应采取措施切断相关设备电源。

2）如触电人员悬挂高处，现场人员应尽快将其解救至地面。如暂时不能解救至地面，应考虑相关防坠落措施。必要时拨打"119"请求专业支援。

3）检查触电人员受伤程度，判断有无意识，根据受伤情况，采取止血、固定、心肺复苏等相应急救措施。

4）如触电者衣服被电弧光引燃时，应利用衣服、湿毛巾等迅速扑灭其身上的火源。着火者切忌跑动，必要时可就地躺下翻滚，使火扑灭。

5）拨打"120"急救电话或立即将触电人员送往医院。

6）必要时，隔离事发现场，在交通要道和主要路口设置警示标志，并设专人看守。禁止任何无关人员擅自进入隔离区域。

7）逐级汇报事件发生、发展和应对、处置情况。

（5）注意事项。

1）信息报告内容应包括伤员的伤害类型、伤害程度、伤害人数、发生伤害的时间、地点及现场处置情况。拨打"120"后，应派人在指定路口接应。

2）解救伤者过程中，应使用有良好绝缘的工具（如绝缘杆等）将伤者脱离电源，严禁直接用手、金属及潮湿的物体接触触电人员。

3）救护人在救护过程中要注意自身和被救者与附近带电体之间的安全距离（高压设备接地时，室内安全距离为 4m，室外安全距离为 8m），防止再次触及带电设备或跨步电压触电。

4）若伤员悬挂于高空，解救过程中要询问伤员伤情，并对骨折部位采取固定措施，同时在地面设置防坠落相关措施。

5）对于骨折伤员，应对其受伤部位进行止血，并对骨折部位进行充分包扎和固定，搬运骨折伤员的过程中应特别注意伤员的受伤部位及受伤程度，避免搬运过程中造成伤员两次伤害。

6）在医务人员未接替救治前，不应放弃现场抢救。

7）受到电击伤的人员，因电流对人体组织损伤程度不同，甚至造成心脏、肾脏或神经系统损害，受伤人员即使未发现表面伤口，也应到正规医院的烧伤科就诊，必要时应住院观察并积极配合治疗。

5.2.2　高空坠落现场应急处置方案

1. 工作场所

××公司高空作业现场。

2. 事件特征

作业人员在高空作业时，从高处坠落至地面、高处平台或悬挂空中，造成人身伤害。

3. 岗位应急职责

（1）现场负责人：① 组织救助伤员；② 汇报事件情况。

（2）现场其他人员：救助伤员。

4. 现场应急处置

（1）现场应具备条件。

1）通信工具，上级及急救部门电话号码。

2）急救箱及药品。

（2）现场应急处置程序及措施。

1）作业人员坠落至高处或悬挂在高空时，现场人员应立即使用绳索或其他工具将坠落者解救至地面进行检查、救治；如果暂时无法将坠落者解救至地面，应采取措施防止脱出坠落。

2）对于坠落地面人员，现场人员应根据伤者情况采取止血、固定、心肺复苏等相应急救措施。

3）送伤员到医院救治或拨打"120"急救电话求救。

4）向上级汇报高空坠落人员受伤及救治等情况。

5．注意事项

（1）对于坠落昏迷者，应采取按压人中、虎口或呼叫等措施使其保持清醒状态。

（2）解救高空伤员过程中要不断与之交流，询问伤情，防止昏迷，并对骨折部位采取固定措施。

5.2.3　变压器火灾现场应急处置方案

1．工作场所

××公司××作业现场。

2．事件特征

作业现场冒烟、燃烧。

3．岗位应急职责

（1）工作负责人：① 组织灭火并报警；② 保障人员、设备安全；③ 汇报火灾情况。

（2）作业人员：① 灭火并报警；② 收集火灾信息。

4．现场应急处置

（1）现场应具备条件。

1）灭火器、消防沙、消防斧、桶、锹等消防器材。

2）防毒面具、正压式呼吸器等安全防护用品。

3）应急照明设备。

4）通信工具，上级及消防报警电话号码。

（2）现场应急处置程序及措施。

1）查明火情，使用消防沙、灭火器等灭火。

2）拨打"119"电话报警。

3）火势无法控制时，工作负责人组织人员撤至安全区域，防止爆炸伤人。

4）配合专业消防人员灭火。

5．注意事项

（1）报警时应详细准确提供如下信息：单位名称、地址、起火设备、燃烧介质、火势情况、本人姓名及联系电话等内容，并指定派人在路口接应。

（2）扑救时，扑救人员应根据火情，佩戴防毒面具或正压式呼吸器，防止中毒或窒息。

5.2.4 交通事故现场应急处置方案

1．工作场所

××公司××工作车辆行驶途中。

2．事件特征

工作车辆在行驶途中发生交通事故，车辆受损、人员伤亡。

3．岗位应急职责

（1）驾驶员：① 采取防次生事故措施；② 组织营救伤员，向有关部门报警；③ 汇报本单位，并保护现场。

（2）乘坐人员：① 协助现场处置；② 当驾驶员伤亡时，履行驾驶员职责。

4．现场应急处置

（1）现场应具备条件。

1）通信工具，上级及公安消防部门电话号码。

2）照明工具、灭火器、千斤顶、安全警示标志等工器具。

3）急救箱及药品。

（2）现场应急处置程序及措施。

1）发生交通事故后，驾驶员立即停车，拉紧手制动，切断电源，开启双闪警示灯，在车后 50～100m 处设置危险警告标志，夜间还需开启示廓灯和尾灯；组织车上人员疏散到路外安全地点。

2）检查人员伤亡和车辆损坏情况，利用车辆携带工具解救受困人员，转移至安全地点；解救困难或人员受伤时向公安、急救部门报警求助。

3）现场抢救伤员，根据伤情采取止血、固定、预防休克等急救措施进行救治。

4）事故造成车辆着火时，应立即救火，并做好预防爆炸的安全措施。

5）驾驶员将事故发生的时间、地点、人员伤亡等情况汇报本单位。

5. **注意事项**

（1）在伤员救治和转移过程中，采取固定等措施，防止伤情加重。

（2）发生交通事故时要保持冷静，记录肇事车辆、肇事司机等信息，保护好事故现场，并用手机、相机等设备对现场拍照，依法合规配合做好事件处理。

（3）在无过往车辆或救护车的情况下，可以动用肇事车辆运送伤员到医院救治，但要做好标记，并留人看护现场。

5.2.5 食物中毒现场应急处置方案

1. **工作场所**

××公司××作业现场。

2. **事件特征**

作业人员在现场集体用餐后，多人出现腹胀、腹痛、腹泻不适或者恶心、呕吐等疑似食物中毒现象。

3. **岗位应急职责**

（1）现场负责人：组织人员救治。

（2）现场作业人员：救助疑似食物中毒人员。

4. **现场应急处置**

（1）现场应具备条件。

1）通信工具，上级及急救部门电话号码。

2）急救箱及药品。

（2）现场应急处置程序及措施。

1）现场负责人立即查看和了解疑似中毒人数、症状等情况，并通知其他尚未就餐人员停止用餐。

2）现场负责人组织开展救治工作。对疑似食物中毒者，用手指、筷子等刺激其舌根部的方法催吐，或让中毒者大量饮用温开水并反复自行催吐，以减少毒素的吸收。

3）根据现场情况，拨打"120""110"报警求援，将中毒者送往医院救治，同时对其他食用人员进行检查。

4）搜集保护可疑中毒食物、呕吐物及其餐具，以便化验、分析中毒原因。

5）现场负责人将中毒人员数量、中毒程度、发生的时间等情况汇报上级。

5. 注意事项

（1）疑似食物中毒者，除催吐需要饮水外，应停止进食，防止造成二次伤害。

（2）现场救治人员在救治结束后，应将手清洗干净（必要时使用消毒液），避免中毒。

模块小结

通过本模块学习，重点掌握在配电运维检修作业现场时遭遇触电、高处坠落、变电站火灾、交通事故、食物中毒等突发情况时，如何快速处置，将损失降低到最低，同时保证现场人员、设备安全。

思考与练习

1. 配电运维检修作业现场遭遇低压触电时，第一时间该如何处置？

2. 作业现场发现火情后，报警时提供哪些信息？

参 考 文 献

[1] 曹孟洲. 供配电设备运行维护与检修 [M]. 北京：中国电力出版社，2017.

[2] 张本礼. 配电网运行与管理技术 [M]. 北京：中国电力出版社，2016.

[3] 苑舜等. 配电网自动化开关设备 [M]. 北京：中国电力出版社，2007.

[4] 吴强. 配电网运行及检修 [M]. 长沙：湖南科学技术出版社，2022.

[5] 国家电网有限公司设备管理部. 中压电力电缆技术培训教材 [M]. 北京：中国电力出版社，2021.

[6] 李洪波. 电力生产技能人员培训教材——电力电缆 [M]. 北京：中国电力出版社，2015.

[7] 王卫东. 电缆工艺技术原理及应用 [M]. 北京：机械工业出版社，2011.

[8] 史传卿. 供用电工人职业技能培训教材——电力电缆 [M]. 北京：中国电力出版社，2006.

[9] 王永平. 台区线损管理与分析 [M]. 北京：中国电力出版社，2020.

[10] 党三磊等. 线损与降损措施 [M]. 北京：中国电力出版社，2015.

[11] 国家电网有限公司. 国家电网有限公司作业安全风险管控工作规定 [M]. 北京：中国电力出版社，2021.

[12] 国家电网有限公司. 国家电网有限公司电力安全工器具管理规定 [M]. 北京：中国电力出版社，2021.

[13] 国家电网有限公司. 国家电网有限公司安全生产反违章工作管理办法 [M]. 北京：中国电力出版社，2021.

[14] 国家电网公司. 国家电网公司电力安全工作规程（配电部分）[M]. 北京：中国电力出版社，2014.